我们最后能拥有的　是我们曾经给予的

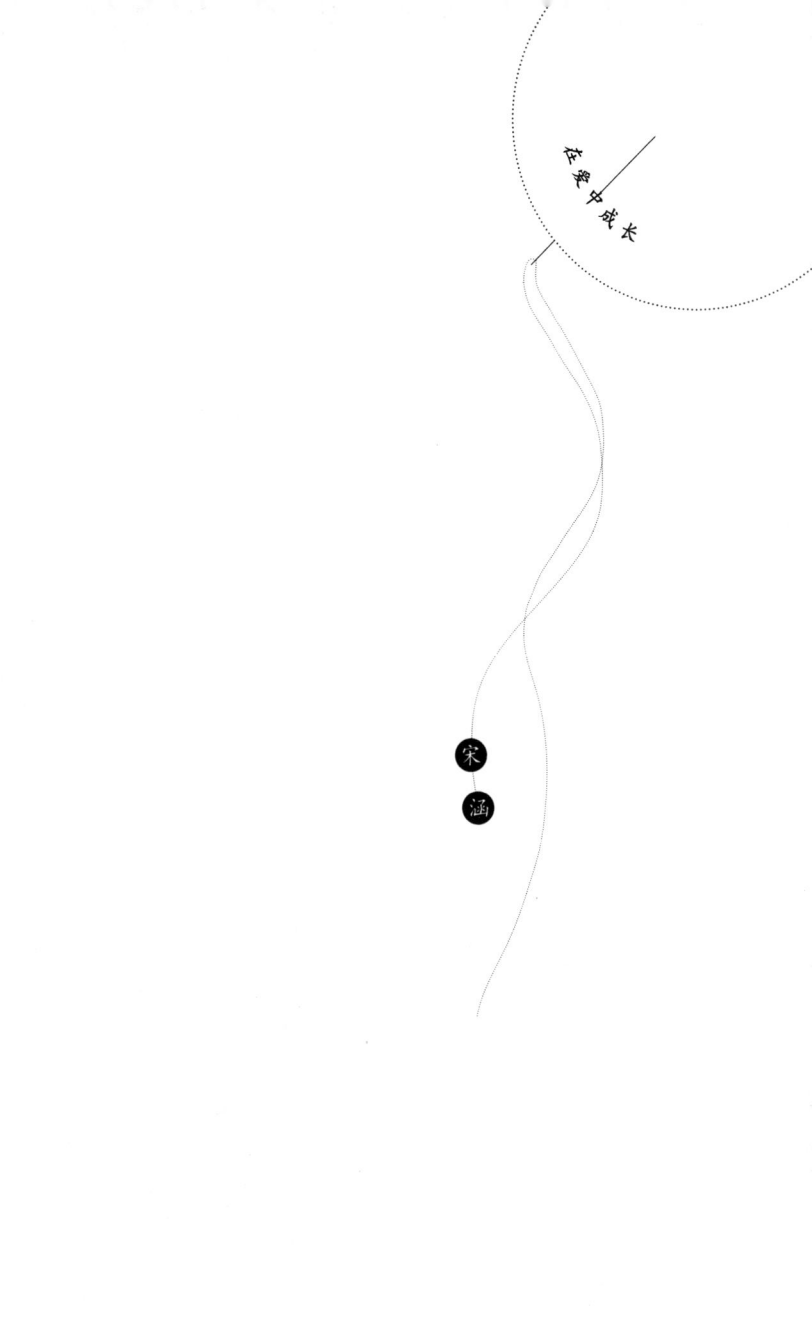

在爱中成长

宋涵

宋涵

我们最后能拥有的

生活书店出版有限公司
生活·读书·新知三联书店

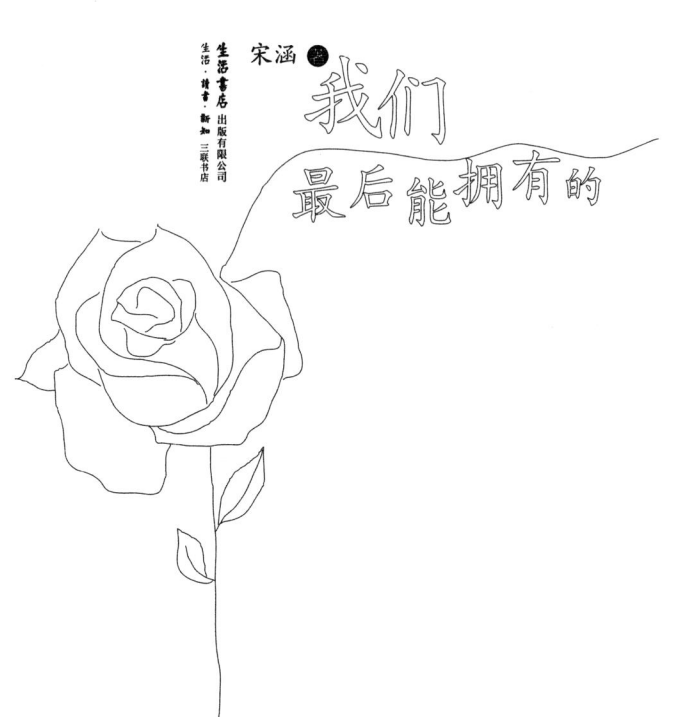

Simplified Chinese Copyright © 2019 by Life Bookstore Publishing Co. Ltd.
All Rights Reserved.

本作品中文简体字版权由生活书店出版有限公司所有。
未经许可,不得翻印。

图书在版编目(CIP)数据

我们最后能拥有的 / 宋涵著. -- 北京:生活书店出版有限公司, 2019.9
ISBN 978-7-80768-301-8

Ⅰ. ①我… Ⅱ. ①宋… Ⅲ. ①人生哲学-通俗读物 Ⅳ. ①B821-49

中国版本图书馆CIP数据核字(2019)第111827号

策　　划	李　娟
责任编辑	陈富余
装帧设计	高　瓦
封面刺绣	高　瓦
责任印制	常宁强
出版发行	生活书店出版有限公司
	(北京市东城区美术馆东街22号)
邮　　编	100010
经　　销	新华书店
印　　刷	万卷书坊印刷(天津)有限公司
版　　次	2019年9月北京第1版
	2019年9月北京第1次印刷
开　　本	880毫米×1230毫米　1/32　印张9.75
字　　数	170千字
印　　数	0,001-8,000册
定　　价	48.00元

(印装查询:010-64052066;邮购查询:010-84010542)

致，为爱心碎的人。
也致，为爱勇敢的人。

自序

这本书里收集的,是我近三年来写下的关于"爱"的文字。

我不是一个想象型的作者,也很少写虚构的故事,我的文字,都是从我的生活里长出来的感受和思考。这些感受和思考,跨越了不同的时间和经历,也因此表达了不同的话题与心境。

书中第一部分,是我对亲子关系和社会问题的旁观思考;第二部分,是我作为一个新手妈妈,在育儿过程中的亲身体验;第三部分,是更为深幽的内心探索,包括男女情爱和生命意义。这些内容,看起来主题各异,但核心只有一个——亲密关系与爱。

爱,是我一直感兴趣的,也是我愿意用余生去了解的。回顾这些年的写作,我并不是一个单纯的相信爱的人,我总是在怀疑"爱",批判"爱",反问"爱"。同时,又会在对"爱"的质问和解剖中,望见"爱"的神秘性的延绵不绝。因此,在我眼里,"爱"是一个"危险"的词,没有一个词比"爱"更容易引起误读和歧义。

"爱"里藏着无数人性的秘密,其中有黑暗,有光明,有枯萎,有新生,有动荡,有安宁,有酷烈,有缱绻,有久别,有重逢……人心气象万千,上演着永不停歇的融合与交战,最终化为人间剪不断,理还乱的缘与劫。

在这个无止境的谜团面前,我所做的一些思考和探索,就像是一个孩子的初涉,但我始终兴致勃勃。我会怀着儿童一样的好奇心,继续问下去,写下去,并一直爱下去。这,就是我的生活。

《我们最后能拥有的》是我出版的第四本书。我要感谢所有的读者,以及生活书店的编辑李娟:没有你们的阅读和鼓励,就不会有这本书。我要感谢我的一双儿女:你们的诞生,丰富了我对生命与爱的领悟。

一本书也是一个独立的生命体,我祝福它有不错的命运,去遇见那些冥冥中会与它相遇的人。

宋涵记于广州

2019 年 1 月 25 日

目录

第一辑

一个优秀却不快乐的母亲，对张爱玲的影响　3

"爱"就是做了"爱"的行为　15

用摧毁自己的方式，完成对父母的报复　23

谅解父母的关键　30

女儿要富养吗？　35

身体分雌雄，而灵魂不分　43

让林奕含自杀的性　48

《嘉年华》所展示的女性命运　55

神奇女侠懵掉的那一刻　63

73 我对自己做母亲的几点要求

76 是什么在偷走做母亲的快乐?

84 写给孩子的第一封信

90 学习是人的天性

98 关于家务

106 孩子,当你的依赖不再是我的甜蜜

113 生第二个孩子的决定

118 生活的碎片:小儿生病

123 感受国人对生男孩的"迷之执念"

128 高塔上孩子的哭声

133 我会永远永远爱你

136 当我们"逃离"孩子的时候,是谁还在对他们保持耐心?

147 父母的心愿

161 跟着孩子重温唐诗

170 假如有人造子宫

182 爱是一场壮丽的冒险

第3辑

变心之苦　193
为什么我们对"出轨"那么容易愤怒？　198
心理治疗大师的魔法　205
我们最后能拥有的　219
我们都不是为爱情而来　230
一个女人的爱、性、婚姻和自我　239
所有的"相信"都有"幻想"的成分　247
暗恋的神性，语言的留白之地　255
从《青蛇》看四个"人"的情欲与修行　262
你不是第一次来到这人间　280

第一辑

一个优秀却不快乐的母亲，
对张爱玲的影响

女神张爱玲也有她自己挚爱的女神，对这位女神，她从满心的爱慕与崇拜，到后来的怨恨与报复，这些最浓烈的情感贯穿了她的一生。

这位女神就是她的妈妈黄逸梵。

能得到张爱玲崇拜的，必然不是普通人，黄逸梵身上的一切，几乎都是"普通人"的反面。

她十分貌美，即使以现在的眼光来看，也属惊艳，有人说她像高冷版的蒙娜丽莎。

她出身名门，是清末首任长江水师提督（掌管江南五省军权）黄翼升的孙女。

她具有艺术家的气质，审美极好，穿衣打扮、日常起居十分考究，处处都跟别人不一样。

她反抗传统，离婚留学，是中国第一代"出走的娜拉"，家族里的老辈虽有微词，也敬她为女英雄。

她不信命运，缠着一双小脚，在瑞士阿尔卑斯山上滑雪，滑得比那些男人还要漂亮。

她追求自由、知识和爱情，走遍千山万水，在欧洲学习英文、法文、油画和雕塑，她谈了很多次恋爱，尝试过许多工作，做过生意，在马来西亚教过书，也做过尼赫鲁姐姐的秘书。

她是一个非同一般的女人。

2 她的卓越见识，还体现在对张爱玲的教育上。

她有一对儿女，因为切身体会和痛恨中国重男轻女的传统，她竭尽全力地维护女儿张爱玲的权益。

她随时提醒佣人不准在儿女面前流露出"男尊女卑"的言辞。在离婚时，她心心念念要在离婚协议上注明一条：女儿的教育问题，包括要进什么学校，都需先征得她的同意。

她没提儿子上学的事，因为儿子是"张家的人"，料想张家不会不给他学上。

没想到，张爱玲的父亲还真的没给儿子学上，只是在家里请了私塾老师；因为黄逸梵的坚持，张爱玲进了美国教会小学，得到了比她弟弟更多的受现代教育的机会。

她的女性意识，她的不妥协，保护了张爱玲的天才，也让张爱玲看到了"另一个光明的世界"。

3 张爱玲自己说:"我一直是用一种罗曼蒂克的爱来爱着我母亲的。她是个美丽的女人,而且我很少机会和她接触,我四岁时她就出洋去了,几次回来了又走了。在孩子眼里她是遥远而神秘的。

"母亲走了,但是姑姑的家里留有母亲的空气,纤灵的七巧板桌子,轻柔的颜色,有些可爱的人来来去去。我所知道的最好的一切,不论是精神上还是物质上的,都在这里了。……另一方面,我父亲的家,那里我什么也看不起,鸦片,教我弟弟做《汉高祖论》的老先生,章回小说,懒洋洋灰扑扑地活下去。

"我把世界强行分作两半,光明与黑暗,善与恶,神与魔。属于我父亲这一边的必定是不好的。"

对儿时的张爱玲来说,遥远的母亲,就是属于光明、善、神的这一半。

张爱玲中学毕业那年,黄逸梵为了女儿出国留学的事,回国和前夫谈判。张爱玲的父亲不仅不同意,还把张爱玲打了一顿,软禁起来,最终张爱玲逃出父亲家,与父亲彻底决裂。

4 张爱玲逃到母亲的住处后,剧情却有了反转。那个存在于张爱玲憧憬中的女神般的妈妈,在她们的朝夕相处中,逐渐显露出了严苛、急躁、冷酷、自私的模样。她对母亲的爱,一点一点被毁掉了。

黄逸梵严苛，常常觉得张爱玲笨手笨脚，离她心目中"清丽的淑女"相差很远，她教张爱玲练习行路的姿势，看人的眼色，照镜子研究面部神态，告诫她如果没有幽默天才，千万别说笑话。

黄逸梵急躁，在对张爱玲失望时，就会冲着女儿咆哮；在张爱玲表现笨拙时，骂她是"猪"；在张爱玲生病时，会口不择言地说她活着就是为了害人。

黄逸梵从来不是"无私"的母亲，当时她与美国男友回国，张爱玲的投靠对她的经济和感情都产生了不少干扰，她并不掩饰这份"巨大的牺牲感"以及"对这份牺牲是否值得的质疑"。

黄逸梵一向自我。张爱玲后来在香港大学拿到了800元奖学金，自己还是穷学生，却兴冲冲地给了出手阔绰的母亲，过了两天，听说这800元已经被母亲在牌桌上输掉了。这给张爱玲造成了极大的幻灭感，最终导致了张爱玲和母亲之间只剩下冷冰冰的"欠债—还钱"关系。张爱玲卖文为生之后，处心积虑地存钱，下决心把这些年用过的母亲的钱，全部还给她——这样，她们就没有任何关系了，谁也不欠谁的了。

5 黄逸梵自己也没有意识到，她对女儿的伤害有那么大，女儿对她有那么恨。

张爱玲终于找到了机会。等母亲再次回国时，她把所有积蓄——二两小金条放在手心，赔着笑递过去，感谢母亲为她花了那么多钱。"我一直心里过意不去，这是还你的。"她说。

黄逸梵深受打击，哭了，做着一些不知所云的解释，"我和你因为在一起的时间少，所以见了面总是说你"，"我那些事，都是他们逼我的"。张爱玲却冷眼看着母亲，无动于衷，用她的话说，"灵魂像灌了铁"。

站在张爱玲的角度，是很容易理解张爱玲而讨厌黄逸梵的。黄逸梵对女儿最大的伤害，就是没有让张爱玲感受到爱和温暖。四岁时，母亲离家远走，仅留下一个精神上的"母亲"，十六岁开始，这个精神上的母亲也渐渐变成了陌生人和仇人。

无论一个母亲多么独特和优秀，只要她的儿女说，"我妈妈从没有爱过我"，就宣判了这个母亲的失败。

子女并不那么在意父母有多优秀，他们只在意一个最原始也最自然的需求：我被爱吗？

子女甚至也不在意父母的辩白：我是爱你，我要是不爱你，就不会付出这么多；子女只在意亲身感受：我能感受到被爱吗？

6 说黄逸梵不关心女儿，是不公平的。她为她争取最好的教育资源，她让她学习英文和钢琴，她请昂贵的私人老师给她补习功课。她希望她活得出类拔萃、潇洒漂亮。

可是,她做这一切,都在向张爱玲强调:你要足够优秀,你要对得起我的付出,否则,你不配我的牺牲,不配我的爱。

她所做的这一切,女儿丝毫感觉不到温度。张爱玲最爱用的词是:苍凉。

或许,越是优秀的父母,越容易犯下这样的错误:给子女他们认为最好的,却忽视了亲子之间最原始的需求——亲密,包括身体上的亲密和心理上的亲密。

拥抱,陪伴,鼓励,信任,接纳,牺牲,一个目不识丁的母亲可能比一个优秀却焦虑的母亲,更能提供这些。

7

黄逸梵很了不起,但却很不快乐。

"优秀"是一个很具诱惑力的词,我们都不甘平庸,我们都仰慕那些闪光的人。可有一种"优秀"是十分苦涩和危险的。

黄逸梵对女儿的严苛、急躁、冷酷、自私,从另一个角度看,也是造就她"优秀"的品质:高标准,执行力强,做事果断,特立独行,人际界线分明。

黄逸梵并不仅仅对女儿这样,她对自己也是这样要求的:一切都要做得最好,一切都要做得与众不同;要明白这世界上除了自己以外没有其他人可以依靠;要有立身之本,不要依赖他人;要坚强不要软弱。她在子女很小的时候就说:"不要哭,弱者才哭。"

在张爱玲三四岁的回忆里，母亲除了美丽，就是"不甚快乐"。"我记得每天早上女佣把我抱到床上去，是铜床，我爬在方格子青棉被上，跟着她不知所云地背唐诗。她才醒来总是不甚快乐的，和我玩了许久方才高兴起来。"看一个人开不开心，最忠诚的标准就是他/她每天醒来的第一感觉。

作为一个聪明敏感、心高气傲的女人，黄逸梵有理由不快乐。虽然是豪门之后，她却是小妾所生，从小生活在大家族看不见的刀光剑影之中，她曾对张爱玲说："我小时候，你外婆说话稍微重一点，我眼泪就掉下来了。"可见内心紧绷的程度。由于是女孩，她也受到"男尊女卑"的压制，她弟弟在花园里愉快地玩皮球时，她则要受缠足之苦，当她弟弟进入震旦大学读书时，她却像一般的旧式女性一样，接受家里的安排，嫁给一个门当户对的少爷。倔强的她一定是愤懑不平的。

旧式婚姻让渴望自由的黄逸梵感到窒息，丈夫吸鸦片、纳妾，她吵过闹过，后来终于明白这是改变不了的事实，她不愿这样了此余生。1924年夏天，黄逸梵28岁，已是两个孩子的母亲，仍然坚持要出国留学。这次出走，并不像人们想象的那般潇洒利落。张爱玲记得："我母亲和我姑姑一同出洋去，上船的那天她伏在竹床上痛哭，绿衣绿裙上面钉着抽搐发光的小片子。她不理我，只是哭。她伏在那里……像有着海洋的无穷尽的颠波悲恸。"

她一定是彻底的孤独无助,才会如此悲恸。也可能经历了许多次这样的孤独无助,她形成了不妥协的生存哲学:只有自己是靠得住的。在她的一生里,所有的力量似乎都在控制她,囚禁她,她只有自救。她必须刚烈,才能冲破一切人都"理所当然"的障碍;她必须任性,才能不顾周围人的眼光和非议;她必须自我,才能斩断那些世俗的牵绊。

8 为了走得更远,她必须实现情感隔离,首先是对自己。因为如果她去真实感受,将会感受到无比强烈的悲伤和孤独,这是难以面对和承受的;而不去体验自己的感受,就好多了,可以把力量集中于外在的追逐之上,获得认可和控制感。

表面看起来,阉割自己的感受,可以抛下许多负担,快速实现目标;可从深层和长远来看,这样的人会陷入内心混乱和存在危机。他们会有许多教条,但这些教条和内心感受没有一点关系。只是用教条来管理人生,要比面对人生的悲伤和无助,容易多了。

实现了对自己的情感隔离以后,对他人的情感隔离也就是习惯成自然了。比如,黄逸梵对幼年张爱玲的教条是,"不许哭,弱者才哭","学了两个字才可以吃两块绿豆糕",对少年张爱玲的教条则是时时刻刻要符合"淑女"和"优雅"的标准。只要满足这些教条，一切就都在可控的范围之内，她就会感到安全，但是如果打破了这些教条，就威胁到她的生存框架，就会恼羞成怒。所以，情感隔离的人，由于没有稳定统一的内心感受通道，常常会喜怒无常。

这就是为什么说，这一种"优秀"是十分苦涩和危险的，因为它是情感隔离的产品。

她没有被温柔对待过，她不知道温柔是什么，也不知道怎么温柔地去对待她在乎的人。

9

越是敏感的人，越容易采取情感隔离的策略。因为太敏感，有些感觉太痛苦，就必须要冻结通道，拒绝传导，才可以活下去。

可是，因为敏感，他们又无法忍受情感的荒漠。他们会在别的地方寻求情感补偿，看似理智冷酷，却很容易在不恰当的人和不恰当的时机中突然失控。这样偶尔的失控，是他们对自己的补偿。

10

黄逸梵激烈地对抗她厌恶的"旧世界"，以最勇敢最决绝的姿态一刀两断，连恋爱也"只愿意和外国人谈"。

可是新世界也有新世界的幻灭。

她追求独立，却发现很难靠自己实现经济独立。她从家里继承了一大箱古董，在欧洲，没钱的时候就卖一两件古董。她痛恨自己像那些纨绔子弟一样，靠祖宗吃饭。她没有文凭，找不到薪水丰厚的工作，做生意也不够精明，只是在亏本。她坐吃山空，没有安全感，所以对子女也做不到慷慨——她从来不想靠子女养老。

她追求爱情，可是谈来谈去，几段恋情都不顺利，她甚至向张爱玲的姑姑抱怨："一个女人年纪大了些，男人对你反正就光是性。"

她追求自由，可逃出一个牢笼，外面是更大的牢笼，照样受掣肘，照样碰壁。自由从来都不是完全的。

张爱玲说："我把世界强行分作两半，光明与黑暗，善与恶，神与魔。"对世界这样极端的一分为二，继承的恰恰是她母亲的态度。黄逸梵越是激烈地反对什么，就越是会无限地美化反对的反面。可是世界不是非此即彼的二元对立，世界就是混沌的矛盾的统一体，只要其中一半的人，注定无法安宁。

11 与母亲的关系，折磨了张爱玲一辈子。

她爱母亲，可是母亲忽略过她、伤害过她；她痛苦，抹不去这阴影，于是由爱转成恨，曾经的爱有多热切，这份恨就有多强烈。

她意识到了自己恨母亲，也为这份"忘恩负义"感到羞愧,可是仍然停止不了恨。

三十多岁那一年,她看一部纪录片,说一个棒球运动员,从小就卖力,无论怎样也讨不了父亲的欢心,压力太大,成功之后终于发了神经病,赢了一局就沿着看台一路攀着铁丝网乱嚷:"看见没有?我打中了,我打中了!"——看到这里,她哭得呼哧呼哧的,几乎号啕起来。她想起了这么多年她为了讨母亲欢心的艰辛与压抑。

她不动声色地实行对母亲的报复:还钱,看着母亲哭;母亲送给她的一对翡翠耳环,她拿去卖掉;母亲临终前想见她一面,她也不去。

她知道自己有多残酷无情,她豁出去了。"反正你自己将来也没有好下场。"她对自己说。

她也不愿意生孩子,因为她是这样一个"狠毒"的女儿,如果她有孩子,那孩子说不定也会如此对她,替她的妈妈报仇。

12 人生总是两难的。黄逸梵又能做得多好呢?

——自顾自地往前走,不为儿女所动,也不为儿女做牺牲,会给儿女留下"不被爱"的缺憾和仇恨。

——为了照顾子女待在那个婚姻里,守着一个并不爱的丈夫,把后半生都寄望在子女身上,又很可能被儿女瞧不起。

当然事实也没有这么悲观:如果黄逸梵在往前走的时候,

能稍微接纳一下自己的感受，也接纳女儿的感受，两个孤傲的女人也不会如此相爱相杀了。

在战士与懦夫之间，并不是没有中间地段的。战士并不需要否定一切来证明自己的伟大和正确——如果真的这么做了，再自认手握真理的战士也成了屠夫。为了所谓的"正确"而谋杀掉自己和他人感受的，是可怜又可恨的。世界凶险狡黠，就在于它擅长于把反抗它的人变成凶险的一部分。

在张爱玲这边，很可能到她的晚年时，她已经谅解母亲了。有个传闻，不知真假。有人曾在张爱玲的洛杉矶公寓里看见她面壁而坐，喃喃独语，她对来客解释说："对不起，我在和我的妈妈说话呢。来日，我一定会去找她赔罪，请她为我留一条门缝。"

也许最后，张爱玲理解了她的母亲，一个心高气傲的女人，在这世间的颠沛流离与捉襟见肘。她不再恨，她的爱占了上风，她不再受折磨，她获得了安宁。

"爱"就是做了"爱"的行为

宋涵：

我想说一说我的故事。

我今年29岁，从小生活在家庭暴力里，我对父亲的记忆，除了无休止、无理由的挨打，就再也没有什么了。虽然用别人的话说他本性是好的，因为他养了我，供我读书。家对我来说是地狱，在我的概念里，父母是可以杀掉小孩的，因为我的父亲经常说，"我把你杀掉再枪毙我好了"，我不止一次地被他用菜刀顶着脖子，被打得脑震荡晕过去，直到现在我的头骨都是变形的，头上有很多地方无法长出头发。但是这一切我的母亲都觉得很正常，她的口头禅就是："父母养了你，不可以打你说你吗？"

2008年那一年，我终于崩溃了。我父亲的语言暴力让我绝望，他说我以后只能当妓女，只能去卖。后来在朋友的建议下，我看了心理医生，吃了抗忧郁的药，听医生的建议搬出去住。

那段时间我虽然是一个人，但是从来没有这么自由过。2014年2月，我爸爸查出来肺癌晚期，6月去世了。整个过程，我没有放弃救他的希望，即便医生和亲戚都说那是浪费钱，我都准备卖房子给他看病，我真的很难过，即使他给了我那种童年。

我的母亲更是可怜，她的两任丈夫都得了癌症去世，我是她唯一养大活着的小孩，所以我觉得要好好照顾她，哪怕我都没有太多时间陪我两岁的儿子。可是我跟她每次见面都会争吵，最近她说父亲是我克死的，我欺负她，还一直说她就应该跟我父亲一起去。这一年来我尽心尽力地陪她安抚她，可是却被她说成这样，我再一次崩溃了。

身边所有人说的都是同一句话："你妈不容易，现在就你一个人了，你一定要好好地尽孝啊！"可我现在看见我妈就想吐，所以我再次去看心理医生，医生让我回忆那些痛苦的事情……真的很痛苦。我经常做噩梦，梦见我爸活过来了，他还是像往常那样打我，我一直以为我爸不在了，这一切苦难就可以结束了，这个想法真是可笑啊！

医生说唯一庆幸的是我的人格是完整的，我没有打我的小孩或是伤害身边的人，我改变不了什么，只能改变自己，我感谢现在所有得到的一切，尤其是我的儿子。

我的故事就到这里了。我认识的所有人，他们都用那"孝道"告诫我，叫我做一个孝子。你跟那些人不一样，你说：

"不要随意劝一个人尽孝,对天底下的一些孩子来说,能逃离父母就是他们的成功和幸运。"这句话才是我真正想表达的,但是天底下的人是不能接受的。我相信这世界有因果,最后我能说的还是谢谢,谢谢你说出那些孩子心里的话。

Zhang

亲爱的Zhang:

一字一句看完你的信,一直看到你最后说的,"你跟那些人不一样,你说的话……是我真正想表达的,但是天底下的人是不能接受的",真是令人难受。

"天底下的很多人"就是很奇怪,他们麻木,无聊,善恶不分,人云亦云,对暴行沉默,对空洞的"大道理"俯首称臣,并热衷于以"道德"教化人,还顶着一张"忠厚老实"的"好人"脸。

如果这些人知道你父母的行为,还仍然对你说:"你爸爸本性不坏""他供你吃饭读书""你妈不容易啊,你要好好孝顺她",那么他们就是在把你逼成一个精神分裂者。他们强迫你否定自己的真实感受,以"孝顺"的名义将你献祭于人性的黑暗。是的,他们几乎也是一群可怜的分裂者,他们不知道"人"是什么,在他们眼里,人和人只是工具般的附属关系——子女就是父母的私人物品,是低贱的感恩戴德者;而不是平等的、令上帝都敬畏的新生命。

然而，不是天底下所有的人都是这样的。所以，人要阅读，要有更丰富的信息源，那么你终于可以拨开身边言论的重重围剿，遇到一些真话。如此，你那个虚假的世界才会坍塌。是的，承认它的虚伪与虚假吧，你在其中已经煎熬了太久。去直面真实，让真实给你力量。

真实就是：你遭受了来自父母的精神及肉体虐待，这些都不是你的错。

真实就是：无论你的父母有多么"可怜"和"不容易"，都不是他们伤害你的理由和借口。

真实就是：一个孩子不应当对虐待或侵害过他/她的父母感恩戴德，这是违背人性的，这是对"恶"的浇灌。

这样的"真实"，或许和很多人口中的标准不一样。确实，人人都有眼睛，但不等于他们在看世界；许多人只听别人说，他们看到的世界，永远都是别人说的样子。

这样的"真实"，一定会让你感到痛苦。是的，每个孩子都渴望爱。人类的幼儿期比任何动物的都漫长，我们必须被照顾和呵护才能活下来，所以我们会寻求一切"被爱"的证据。心理学家亨利·哈罗通过追踪研究发现，相比被宠爱的孩子，那些被轻视甚至被虐待的孩子，反而更会竭力讨好父母——"谁愿意早早地接受根本不被父母疼爱的现实呢"——

这是令人心酸的事实。

一个孩子生活在冰冷的恐惧中，已经是一种残酷，还要让他/她接受"我不被父母爱"的事实，恐怕是世界上最残酷最痛苦的事了。所以你也巴不得相信别人说的"父母还是爱我的"，你也会抱有一点幻想，以为总有办法和父母好好相处，你也会心甘情愿践行"孝顺"的责任，哪怕卖房也要给父亲看病——尽管这个"父亲"直到现在仍在噩梦里折磨你。

这一切，都因为你需要爱。另一个读者的来信也描述了与你类似的经历，她说："小时候父亲喝酒高兴了，摸摸我的头，我就会屁颠屁颠地为他倒酒，开心得像一只小狗，哪怕他转眼就可能把我踢翻到墙角。我恨我的不争气，不舍得放弃一点温暖。"不幸的孩子是多么卑微和悲伤！这也说明了孩子和父母的纠葛是多么难以斩断，是贯穿一生的情感修炼。

可是我要强调的一点是：那些深深伤害你的，不是爱。这句话也许残酷，甚至需要你花一段时间来消化，但请你一定记住这一点。

因为，一个没有感受过正常的爱的人，最大的认知缺陷，就是习惯了匮乏和伤害，将不健康不正常的亲密关系等同于爱，这样会让他们离真正的爱越来越远——这才是最可怕的结果。

"爱"首先是一种行为。就如《阿甘正传》里对"愚蠢"

的定义:"愚蠢,就是做了愚蠢的事情。"那么,爱就是做了"爱"的行为。打着"爱"的名义伤害一个人的精神和肉体,是最大的谎言。

无论你的父母嘴上说多么爱你,或者试图多么努力地去爱你,他们的所作所为,都不是"爱"。

爱不会指使一个人去打人,爱不会制造暴力。

你身边的人和你自己都认为,你的父母"可怜",所以你要对他们好,这是不对的。他们是很可怜,可怜到只有去伤害最近的弱者才能体会到一点存在感。他们或许不幸,但他们最大的不幸,就是向情绪黑洞投降,放弃了那一点向上和向善的力气,让暴戾、凶狠、软弱控制了自己。从无辜的弱者(孩子)的角度来看,他们是不值得同情的。

所以,我要强调的第二点是:一个人的"不容易",不是伤害他人的借口。人与人最大的区别,就是在"不容易"的时候,还是否坚持自己是有选择的。

你也不容易。但是你和你的父母不同,你没有以委屈和伤痛为理由去伤害比你弱小的人,你甚至"感谢现在所有得到的一切,尤其是我的儿子",你终止了邪恶的轮回。你应当为自己感到骄傲。对许多人是自然而然的事,于你却是郑重的选择,你没有成为你父母的翻版。正是这样的选择,体现了一个人绝不向"不幸"屈服的价值——也因为这样的价值,我们不应当轻易地以"不容易"去掩饰一个人的恶行。

虽然你没有被过往的经历塑造成父母的翻版,但你终究是一个受伤的人,不要低估父母对子女所产生的巨大影响,所以你要做好与你的创伤长时间同行的准备。

你要做的,第一步,隔绝伤害源。你在心理医生的建议下才搬离父母的居所,其实是越早脱离他们的负面影响越好。直到现在,你的母亲仍然以"受害者"的身份自居,对你进行精神攻击,那么,你应当减少和她相处的次数和时间。不要管她和别人怎么想,自救永远是第一位的。

第二步,自我疗愈。看心理医生,阅读自助书籍,写日记,观察自己的情绪,都是有用的方法。你可能会反反复复陷入悲观、绝望、羞辱和愤怒,这是一个必经的过程,不要逼自己轻易去"谅解"父母,你有愤怒的权利。先照顾好自己,再去照顾和理解他人。也许有一天你会以比较平静的心态面对过去和父母——那是一种水到渠成的自然过程,不必强求。

第三步,相信自己,好好生活。真相很痛苦,但真相也有它不可替代的治愈作用。你要接受你的现实和命运:你的过去,你无法选择。你说这世界有因果,然而你有这样的父母并没有什么"原因",不用再去苦苦追究"为什么"。但是你现在所努力的,却是你未来的"因":你的未来,不再掌握在你父母的手上了,而是由你决定。你已经开了一个不错的头了。

你是一个有爱有光芒的人,请像爱你的儿子那样爱你自己。

期待你的好消息。

宋涵

用摧毁自己的方式，完成对父母的报复

做父母的，都以为自己很爱子女。可是父母的爱，波动性很大，因人而异，因时而异，因事而异。求生艰难的父母，会把子女变成留守儿童；情绪失控的父母，会在言语上凌辱子女；追求事业的父母，会忽略子女的精神需求。总之，大人的世界复杂得很呢，哪能一门心思围着"小屁孩"转！

孩子对父母的爱，却是一往情深，矢志不渝的。孩子无条件地信任父母，总愿意相信父母是爱自己的，即使父母犯了一些错误，有了一些疏忽，孩子也会很快原谅父母，又真诚地爱着父母。

做了妈妈之后，我体会到了这种毫无保留的爱，纯粹得令人心颤。在这个偌大的宇宙，他选择了我做他的妈妈，他敞开他的需求和脆弱，他给我许多次犯错的机会。我只是给他一个拥抱，他就像得到了全世界，笑得像天上的太阳；我温柔地凝望着他，他也用他的眸子望着我，那目光，让我相信"神"是存在的，充满了清澈的宁静与关照。是他的爱与信任，激活了我身体里毫无保留的爱。

做了妈妈之后，我"看见"了更多的小孩。有一次过马路，我看见一个神色匆匆的妈妈拉着一个两三岁的小女孩，飞快地走，小孩腿短，走不快，都快被她拽起来了，这个妈妈并没有留意到女儿的吃力，越走越快，小女孩紧紧攀着妈妈的手臂，懵懂地小跑着，生怕松开了妈妈的手。过完马路，小女孩抬着头很热切地跟妈妈说着什么，妈妈似乎有心事，并不理她，可这一点也不妨碍小女孩的热切。

我看着这对母女，就好像看见许多小孩和父母的关系：当小孩全身心地爱着父母时，父母总是为大大小小的事烦忧着，他们忽视那个小小的身体里最纯真最珍贵的情感——就好像一个在沙漠里的人，忽视着一口最甘甜的井。

有的父母习惯了在粗粝的成人世界里行走，对小孩柔软纤细的爱不适应了，他们从心底不相信这样的爱，觉得"无用""多余"，只能用他们习惯的方式——粗暴——来回应。一如别人粗暴地对待他们，以及他们粗暴地对待自己那样。

等到孩子逐渐长大，看起来，孩子不那么需要父母了，孩子有了老师、同学、朋友，他们的世界变大了，他们不再黏着父母。可是，在灵魂深处，孩子依然矢志不渝地爱着父母，这时候，他们的爱换了另一种激烈的形式：用摧毁自己的方式，来告诉你，我有多在乎你。

当我看到许多成年人，无论是20岁、30岁还是40岁，仍然生活在对父母的爱恨交织中，仍然为父母的误解而痛哭，仍然在原谅与不原谅父母之间煎熬；当我听到一些故事，一些从小被生父生母抛弃的人，即使养父母给了很好的成长条件，仍然执着地要找到亲生父母，就为了问一句"当初为什么不要我"，我意识到，"天下没有不爱子女的父母"这句话值得商榷，"天下没有不爱父母的子女"倒是确凿的。

如果说父母与子女的缘分是冥冥中注定的，是前世两个灵魂之间的约定，那么，做子女的对父母的在乎，丝毫不逊于父母对子女的在乎程度，甚至更多。这种强烈的在乎体现在：你如何对我，决定了我如何对待我自己。在一个人的一生中，有一根弦是只有父母才能拨动的："我值得被爱吗？我活着有没有价值？"其他人都靠边站。如果这根弦被父母粗暴地扯断了，几乎没有人能修复得好，而且子女会花一生的时间来和父母理论，不惜以毁掉自己的方式——这样的在乎程度，这样的持久程度，比爱情要惨烈得多。

我曾写过张爱玲对她妈妈的报复，因为母亲的"抛弃"与"严苛"，她以伤害自己的代价来伤害母亲：

> 她不动声色地实行对母亲的报复：还钱，看着母亲哭；母亲送给她的一对翡翠耳环，她拿去卖掉；母亲临终前想见她一

面,她也不去。

她知道自己有多残酷无情,她豁出去了。"反正你自己将来也没有好下场。"她对自己说。

她也不愿意生孩子,因为她是这样一个"狠毒"的女儿,如果她有孩子,那孩子说不定也会如此对她,替她的妈妈报仇。

清醒凛冽如张爱玲,对人性了悟深刻如张爱玲,也逃不过与父母的对抗,以及由这种对抗带来的拧巴人生。这世间又有几人能对父母的言行毫不在意、风轻云淡呢?每一个子女都是患了强迫症的人,在重复父母对待自己的方式。

从旁观者来看,子女拿自己的人生来和父母做论争,实在是很不划算的事。毕竟,每个人的人生都是自己的啊,好的坏的,都是自己在承担。但是,当局者迷。我收到一些人的来信,倾诉父母给自己带来的痛苦,看到他们一边抱怨父母,一边让父母直接影响他们的重大人生抉择,甚至有不少人提到"想去死",就不得不感叹:再微不足道的父母,在子女心中的分量都是无穷大的,父母的漠视或不理解足以让子女痛苦到拿命去证明!同时也会唏嘘:子女再怨恨父母,也仍然在潜意识里认为,自己这条命,不是完全属于自己的,他们并不能完全独立地对人生负责,他们多多少少觉得父母应该为自己的不幸买单。

用摧毁自己的方式，来完成对父母的报复，听起来惊心动魄，可这是再寻常不过了，每个人都见到过这样的故事。

故事一：一个小男孩，父亲脾气暴躁，从两三岁开始就经常殴打他，一直打到男孩十岁会拿刀反抗为止。这个小男孩从小就恨他父亲，父亲越打他，他越要做让父亲生气的事：逃学、打架、偷钱……永远是一副顽劣到不可一世的样子；他不甘心乖乖听话，因为这样就等于认输了，这样就让父亲"得逞"了。他没意识到，他这样做的代价是把自己也搭进去了。如果他成年之后还意识不到这一点，他可能会继续破罐子破摔下去，激怒父亲会成为他一生的主题。

故事二：认识一个女孩，看起来普普通通的，她却告诉我，高考那年，她自杀过。她喜欢绘画，只有在画画时她才会特别开心，她也努力读书，可是成绩就是上不去。她妈妈很生气，认为是画画分了心，两人吵架，妈妈一怒之下把她所有的作品都扔掉了，说她考不上大学就是给全家人丢脸。这个女孩在房间吞安眠药自杀，抢救回来后，她妈妈抱着她痛哭抱歉，可还是坚持要让她第二年复读考大学。她对我说："我活在世上大概也是多余的，她爱怎么样就怎样好了。"她麻木地听从妈妈的一切安排，却不和妈妈说一句话。她放弃了一切热情，来回报母亲对她生命力的扼杀。

故事三：有个女孩，父亲有外遇离婚，妈妈独自抚养她，却经常对她说，养你有什么用，你跟你爸姓，是你爸家的人；你爸根本就不在乎你，不然为什么不要你。这个女孩工作以后，远离家乡，从不和爸爸联系，也不愿见她妈妈。她怨恨父母的"自私"与不靠谱，她说她再也不要谈恋爱和结婚，她说这世上的男人没有一个是好人，婚姻没有一个是恩爱的。她把自己完全封闭起来，切断与亲密关系的一切可能。为了回应父母对她的冷漠和伤害，她也亲手切断了她未来幸福的可能。

……

这些对父母的报复行为，都是无意识的。一个天使般地对父母怀有无限爱意的婴儿，最后变成一个由爱生恨的"冤家"，这期间，真是说不尽的红尘中的辛酸。很多时候，孩子清楚地知道父母给自己的痛苦，但是父母却毫不知觉，甚至会有更多的言语羞辱，于是孩子都有一个潜意识的冲动：毁掉自己，才能让父母悔恨！可惜，就像一个网友说的那样，即使你毁掉自己了，即使你把自己的生活搞成一团糟，哪怕你自杀了，父母的知识感情结构仍然不足以让他们意识到问题。子女真是白白牺牲自己了！

如果一个人正处于对父母的怨念之中，他/她需要警惕自己的"自毁"倾向。他/她要知道一点：无论父母怎么对待自己，人生都是自己的，不要太恋战，余生终归要自己来收场，好好活，活成自己想要的样子才是最重要的。

这一点，说起来简单，做到又是何其难！但愿很多人没有浪费太多的时间，来明白这个道理。

谅解父母的关键

在知乎上看到一个问题：人生最大的不幸是什么？

有人回答：得不到父母无私的爱，并一生都在追逐（其他的替代品），这是不幸之源。

这个回答得到了近8000个赞同。

如果你看到这个回答的第一反应是：怎么会得不到父母无私的爱呢？父母的爱就是无私的呀。那么恭喜你，你是一个很幸运的人，你不用再往下看。

如果你对这个回答心里一动或者产生共鸣，你很可能正走在成长的路上，你可能开始或者已经深深意识到了：自己的命运受到父母的影响有多深。

生物的本能设置是爱子女和后代的，可是，由于父母自身的局限，他们没有办法去真正施与爱。他们可能狭隘、偏激、爱面子、焦虑、固执、贫乏……他们对子女可能有许多不切实际的要求，他们可能向子女传递了许多偏见和误导，他们可能以自己的标尺来残忍地限制子女的生活……

他们以为很爱你，其实他们是很自私地"爱"着你——因为，只要你不合他们的意，他们就不再爱你，甚至责备你、辱骂你、漠视你。

也正因为他们是父母，是你的庇护者，是你世界的天空，年少的你在很长一段时间里完全承受了他们带给你的一切。无论好坏，他们的言行刻进了你的骨子里，塑造了你的视野和性情，即使你有不满，可等你终于长大到足够客观认识自己和父母时，才发现已经深陷其中，再要改变，只能是经历脱胎换骨的痛苦了。

现在你已经不再是少年了，你想要摆脱往日的历史，重新治愈自己，可你的父母还活在他们的窠臼里，还在毫无意识地伤害你。

"如果他们不是我的父母，我绝不会再看他们一眼！"一个25岁的女人这样说。我不会批判她，说出这句话的她，一定受了许多伤。一个幸福的孩子，无法体会这句话背后是字字锥心。

"我已经在很努力地往前走了，可我的父母总是把我拖回去，他们的价值观太落后，我们根本没法沟通。"这样的困惑更常见。

可是，就真的可以从此不见面、不说话、老死不相往来了吗？

在其他人际关系中，都可以做到。唯独和父母的关系，是比爱情还要纠缠的"斩不断，理还乱"。

否认父母，其实是在否认自己生命中最重要的一部分。对父母咬牙切齿或冷酷无情的人，内心里都住着一个号啕大哭的孤独孩子。没有比否认自身生命源头更悲伤的事了。

然而怎么办呢？大多数人还是要慢慢地和父母和解啊。

清醒了、愤怒了、反抗了、悲伤了，然后，子女依然要面对父母。

（说到这里，也希望已经做父母的人明白，无论你怎么对待孩子，孩子的第一选择仍然是接受你，所以，请好好对你的孩子。）

谅解父母的关键，不是忍耐。一切人际关系最可怕的，就是"忍"字，心字头上一把刀，杀人于无形，把人逼成阁楼上的疯子。

谅解父母的关键在于：你"看见"了父母。你看见他们生活在对自身缺陷的无知与无力之中。

对子女粗暴的人，必定对自己也粗暴；对子女冷漠的人，必定对自己也无爱；对子女阴晴不定的人，必定也深受喜怒无常之苦；对子女啰唆的人，必定常常活在怀疑担忧之中。

总之，你的父母无法给你他们根本不拥有的东西。

他们的"不够好"，真的不是唯独针对你的。

他们对待你的某种方式，如果让你受苦，那么你仔细观察，他们必定也让自己受了这种苦。对抗，是你作为子女，最容易有的条件反射。可是你为什么那么容易被他们惹怒呢？为什么别人如此你不会这样反应过度呢？因为你还是认同你和父母是一体的，你认为他们的必然是你的，所以你容易有愤怒，你需要用对抗来证明你和他们"不一样"。陌生人不会惹恼你，因为你知道，你是你，他是他。

如果你以独立的意识跳出"父母—子女"的天然捆绑，抽离地看待眼前的父母：他们除了是你的父母以外，也是这世界上的一个男人和一个女人，他们也由婴儿—童年—少年—中年步至老年。他们有任何一个男人和女人可能有的历史包袱、性情缺陷与致命弱点。那么，你会对他们的言行更容易释怀。

再进一步，你也将看见："我"也是世间男女众生中的一人,"我"身上也必定有无法摆脱的包袱与缺陷,"我"也活在某种无知与无力之中。到这一步,就愈加明白,苛求他人,包括父母,是不明智的事。"我"能做的,是让"我"的无知与无力更少一点,而这一点,已经需要许多专注与时间了。

在这样的专注和时间之后,一个更自然的结果可能会出现,那就是,有一天,你会这样看待你的父母(指那些没有严重虐待过孩子的普通父母):

嗯,也许他们曾经不是足够好的父母,也许他们曾经不懂得爱,也许他们曾经给子女带来痛苦,可是,如今"我"可以尝试用温和的行动告诉他们,什么是爱和接纳——

你不完美,可我尝试去理解你。

我不认同你,但我不强行改变你。

女儿要富养吗？

《理性乐观派》说：不要伤春悲秋，也不要盲目怀旧，人类的生活质量总是越来越好的。大多数人都能印证这一点：当我们自己做父母的时候，总比我们当年的父母有钱多了。下一代人往往比上一代人有更强大的购买力、更丰富的消费选择。

有钱人多了，"女儿要富养"的言论也多了。有一些豪气的父母说："我要给我的女儿一切我能给的。我可以养她一辈子。"这首先是好事：越来越多的儿童能生活在物质充裕的环境中。

不过"女儿要富养"只是半句话，还有半句没说完："儿子要穷养。""穷养儿子富养女"是一句出处不明的民间古训，却深入人心。没有人大声说："我要养我儿子一辈子。"对待女儿和儿子两个不同的性别，父母的教育方式总会不由自主地有所偏差，说起来无非是：男孩要有责任有担当，要经得起生活的磨难；女孩要生活精致，优雅有情趣，这样才会抵抗住物质和坏男人的诱惑（这句话听起来总是很别扭）。

"穷养儿子富养女"有它的时代背景。在古代和近代，如果说儿子长大后还有金榜题名和建功立业的机会，女儿长大后唯一的机会就是"嫁人"了。一个女人走到社会上，能生存下来吗？不能，那儿没有她的活路，没有什么职业是留给女人的，除了"妓女"和"结婚家"这样古老的职业。穷人家的女儿，有不少是换取彩礼的资源，嫁给阿猫阿狗那是她自己的造化了。富人家的女儿，父母若心疼她，则会在她身上投资一点"刚刚好"的教育，教她知书达理、端庄大方、气质不凡，这样她可以择一个良婿，相夫教子下去。殷实的父母还会为女儿准备好丰厚的嫁妆、贴身的丫鬟佣人，尽量保障她在夫家有足够的底气不受欺负。所以说，"大家闺秀"是那个年代最幸运的一小撮女子——她们的父母以个人财富，弥补了女性生存空间的狭隘和机会的匮乏，避免了她们在毫无选择的境遇里"嫁汉穿衣吃饭"的悲催命运。

至于"穷养儿子"，并不是真的"穷"，真正穷人家的孩子只能"贱养"。"穷养儿子"是家境还不错的知识分子的一种教育理念，重在培养儿子的意志力。毕竟，儿子与女儿不同，儿子是要走到社会中去的，那个广阔的世界，精彩也好、残酷也好，都不在一家父母的庇护之下，所以，为了儿子好，也得狠下心"苦其心志，劳其筋骨"，让他去深刻认识真实的生活。

奇怪的是，生存力、意志力、抗挫折力，这些本是一个生命求自保和求发展最基本的能力，为什么养"女儿"就可以不强调这些，甚至规避这些？因为千百年来，这些能力于女性并没有什么用，她们的地盘仅限于一支圆规就能圈起来的"婚姻与家庭"，她们一生的幸福与利好，也只与这个小地盘紧密相关，在这个小地盘里，貌美、安静、顺从、贤淑、懂点琴棋书画的小小才华，都是巩固资源的优势；相反，有个性、有欲望、有谋略、有大展宏图的身手，都是危险和不安分的信号，有了这些，小地盘要驱逐她，大世界也没有她的容身之地。所以，在过去，一个女儿，一个女人，要那些对儿子和男人来说是无比宝贵的能力做什么？

当今天许多中产阶级也念起"女儿要富养"这句古话时，虽说是爱女心切，搞不好却是一种不合时宜的陈腐价值观。搞不好，许多父母还是心理惯性地把女儿往"结婚家"的路上推。几年前火热的国产电视剧《蜗居》里，"海藻"当了有钱大叔的情人，"海藻"的父母就痛心疾首地反省："都怪我们在她小时候太节省了，女儿还是要富养，这样她才不至于为了一块糖做出错误的选择。"这个逻辑很别扭——这无异于说"都怪我们儿子小时候太穷了，所以见了那么多钱就忍不住抢银行"。认同这个逻辑的人，不如思考这么一个问题：为什么一个女人，要得到她想要的东西，除了通过父母（富养），就只有通过男人（情感交易或性交易）？

认为"女儿要富养才会抵抗住坏男人的诱惑"的人，也在无形中认同这样一个事实：我们现在和古代并无二异，一个女人没有机会也没有能力通过她自己，获取她想要的生活资源；或者，即使她有这样的机会，成本也很高。

事实究竟是怎样的呢？我想诚实的人会有诚实的答案：在我们这个时代，女性并非没有机会，但也没有乐观到和男人一样丰富而普遍的地步。女人仍然被天然的生理特点（她是生育的载体）和长久以来的偏见所局限着，社会也没有设计出更合理的制度来帮助女性应对这一弱势；社会甚至鼓励女性仍然通过男性去获得资源（"女人最大的成功就是找个好男人"），如果得不到，就鼓励她们安分守己（"女人为什么要那么拼呢，那多辛苦呀"）。自立的女性往往被舆论打造为一个孤独的、可怜的、没有男人爱、低人一等的形象。

如果富养女儿只是为了预防她被坏男人诱惑，那么你在无意识间向女儿传递这样的信息：你不相信她个人的能力，社会也不会认可她的能力。你在附庸某种流行的价值观：如果没有父母的厚爱，她就只能从男人那里去获取资源；又或者，一个女人得到了世俗的成功，那么她一定利用了男性成为她"攀升"的台阶（看看舆论都是怎么评价那些和男人平起平坐的女人的）。

至于你为什么会这样想，大多是因为社会现实就是如此：你的女儿不如你的儿子那样有自由掌握命运的机会。所以，如果你预感两个性别永无平等的机遇可言，你就只有一条路可以走了：你得效仿古代的豪门，以个人财力弥补社会对女儿看似是"呵护"实际是"排挤"的游戏规则，干脆将女儿的命运安排到底，比如给她留很多很多钱，这样她不用焦虑职场的天花板；不用因为爱上穷小子而吃苦，哪怕生了孩子也可以请几个保姆而不陷入鸡毛蒜皮的家务操劳中；不用害怕带着孩子离婚而步履维艰。你的钱可以让她扫平一切普通女性都不得不面临的不公平和偏见。

可是，你的钱无法为她建造一个真空国度。即使是皇帝老子，也忤逆不了当年的宗法礼教和三从四德，女儿因此受委屈也无法插手，因为父母本身就是这捆绑势力的一部分。所以，真正关心女儿的父母，会关心女儿所生存的世界，会去察觉这个世界对她是确切的尊重还是隐蔽的羞辱。对女儿再富养，却对女性面临的整体境遇漠不关心，甚至用金钱加固这一游戏规则，也不过是活在一个自欺的玻璃罩里罢了。

还有一种"富养女儿"的心态，仅仅和父母的个人偏好有关，在他们看来，"女儿"和"儿子"是截然不同的：女儿就是娇憨的、柔弱的、甜蜜的，是豌豆公主，不能被最细小的沙砾所折磨；是最纯净的天使，不能看见世间的苦难与污浊。不可否认，他们是深爱女儿的，他们对女儿投注了最美好的设想：希望她像一只白天鹅，优雅又轻盈地飞越一切俗气与烦恼，绝不到浑浊的男儿世界里要劳什子功与名！这是他们所能想到的一个女人最好的活法。

可是这样的活法是令人怀疑的。这是父母本人的喜好和愿望，与一个生命的自发选择并无关。你确认你的女儿只想做你心目中的"小甜心"？你确认你没有用一个性别的大帽子去掩盖她个体的特质？（就如当你的儿子想做一只与世无争的白天鹅时，你是否感到不妥和不安？）或者，你给她的物质和呵护，是不是为了满足自己曾经不完美的童年？你是不是试图在女儿身上实现自己渴望的东西？你确认你对女儿人生"最好的设计"，不是对女性缺乏理解的陈词滥调？

2015年的女人节，百度的节日涂鸦得罪了许多女人。那是一个精致美丽的玩偶女孩，在八音盒里优雅地转啊转，八音盒里散落的是项链、奶瓶、婴儿车和小孩子玩的小鸭子。做出这个决策的管理层可能不明白怎么就招惹众怒了，因为在他的心目中，最好的女性人生就是这个样子的呀——"我什么都给你买好了、安排好了，难道你不该快乐吗"，他的脑子想不到别的。

一个普通的德国父亲Moore就想得更多。《不仅是女孩》（*Not Just a Girl*）是Moore为女儿五岁生日拍摄的一组生日纪念照，他发现95%的女孩生日照创意都是模仿迪士尼公主，但他别出心裁地让女儿模仿了几个了不起的真实女性。他说："我喜欢迪士尼公主，她们拥有漂亮的服装、完美的长发和理想的爱情故事……但这些也让我陷入沉思，她们只是一个'角色'和'传奇'，对大多数女孩来说只是一个不真实的幻想。于是我开始考虑那些值得女儿去了解和学习的真实女性，那些虽然她从未谋面却深深改变了她生活的女性。我的女儿并非贵族，但她出生在一个只要她想，她就可以投票，可以成为一个医生、一个诗人、一个宇航员，甚至一个总统的国家。这才是重要的。我想让她知道这些曾与世间为敌的女性，是她们给了她今天这一切。"

他让女儿在照片中致敬的五位女性，包括苏珊·安东尼（她以缜密的辩才为美国女性争取投票权）、可可·香奈儿（她开创了让女性穿着更舒适的高级定制女装品牌）、阿梅利亚·埃尔哈特（她是第一个独自飞越大西洋的女飞行员）、海伦·凯勒（她是失明失聪的作家、社会运动家）、珍·古道尔（她对非洲黑猩猩进行了近40年的野外观察）。

他让女儿知道，她可以成为什么样的人、她有什么样的选择。不是给她一座封闭的城堡，而是为她呈现一片开阔的天空。

有些大人舍不得让子女吃一点"苦"，这是要多么否认自己的人生，才会认为一切经历都是不堪回首的痛苦过程？如果一个父母在他/她喜欢和擅长的事业中，体验过专注、激情和快乐，体验过从中获得的自信和成就感，他/她就不会把摘好的果实放到子女手上，因为所有的给予，都不如一个人自己去发现、去征服、去创造来得过瘾和幸福。

对待女儿最大的误区，就是父母过于担心她、为她安排一切，或者以陈旧的性别成见约束她，剥夺她的潜力和热情，剥夺她去深刻了解这个世界，并激发出自身力量的机会。不假思索的"富养"就很容易走入这样的误区。

生命有它的本能，生命会不断进化，并不断超越旧的模式，为人父母，是生命进程的一个环节，也需要尊重这一规律，而不是僵化自满。当越来越多的父母有"富养女孩"的实力时，但愿他们不仅仅有钱，还有与财富相匹配的价值观。

身体分雌雄，而灵魂不分

女人是弱者吗？并不是。身为女人很可怜吗？也不是。在男女之间，女人总是受剥夺的那一个吗？更不是。女人就是人，不比男人低，也不比男人高。在生理上，男人女人都有无法交换的"特权"。

《老友记》第一季第五集讨论"男人好还是女人好"：

"男人可以站着撒尿！"

"女人可以随时低下头看到自己的胸部！"

"男人可以做许多下流的事却能毫不在乎。"

"女人可以有多重高潮！"

"……"

在我害怕生孩子的时候，我认为孕育能力对女性是极大的负担，它给了女人压力甚至是压迫，当然，还包括极致的身体痛楚。连《圣经》都必须为女人的这种痛苦做出解释："女人，你偷吃了苹果，我必多多加增你怀胎的苦楚，你生产儿女必多受苦楚。"

在我怀孕生子以后，我知道了女人身体的另一个秘密：胎动的奇妙，哺乳的亲密，难以用语言描述其万分之一；男性的身体无法体验到这一切，不能不说也是一种性别的遗憾。女人也并非是单纯的"受苦者"，生育能力本身也是女人的"特权"：她可以选择生下她的孩子；而男人，只能通过另一个女人来完成这一过程。一位精神分析学者说："和创造生命比起来，其他的创造都显得苍白无力，因此男人只能竭尽一生去创造别的东西，来证明自己的存在价值。"

生为男人身的金星很羡慕女人的身体，"我是一个女人，却活在男人的身体里"，于是吃尽千辛万苦，就为换回一个她认定的身份——与世俗认为的，女儿身低于男儿身，截然不同。而相信轮回的人则告诉我，她的前世有许多生，是僧人、奴隶、贵族与游吟歌手，那些身份有男，也有女，但都是她。

在我深夜阅读，与古往今来的心灵交流时，我更明确一个道理：身体分雌雄，而灵魂不分。灵魂有它自身的倾向：偏向阳刚或偏向阴柔，但终归是这两极的混合体，没有完全在某一极的人。或者说，灵魂在不同的场景里会呈现出不同的面貌：几乎所有的生命，在遇到致命威胁时，都会凶狠攻击，而在心爱的对象面前，则会缱绻缠绵——生命具有相同的潜力，与性别无关。

当你真实地去接触一个人时，你不会首先考虑他/她是男人还是女人，你只会直直地走进他/她的世界，被他/她吸引。如李煜的"春花秋月何时了，往事知多少，……问君能有几多愁，恰似一江春水向东流"，一个敏感多情的灵魂所作的"靡靡之音"，听来令人百转千回，我们并不会因他是男人就不再流传。而苏珊·桑塔格说："做一个睿智的人，是我唯一的存在方式。我知道自己害怕被动和依赖，运用我的心灵，令我感觉积极和自主，这样很好。"一个独立坚决的灵魂，发出这样真诚的声音，同样，也不必因为它的主人是个女人而感到惊讶。

男与女，是不同的身体容器，可装在里面的灵魂，本质上是一样的。这两样容器，也并没有高下之分。我，拥有女人的身体，经历着与月亮盈亏周期相同的荷尔蒙波动，体会着孕育另一个生命的苦楚与甜蜜。自然，我也体会不到雄性身体里的冲动与欲望。对于这具躯体，我不感到羞耻，不感到自怜，同样，也不感到优越，我平静地接纳它，没有想要成为另一种性别的渴望，因为我知道我的灵魂并不受"她"所限制。我可以穿越平原与大海，我可以感受刚强与温柔，我的名字不是弱者，但也不会以"强者"而沾沾自喜，以权力去恃强凌弱。

如果，性别只是不同，没有强弱好坏高低之分，我们为何还会有"女人节"（International Women's Day）？如果我过女人节，那么意义在于：纪念所有曾经被困在女性身体里的自由灵魂。

人类的盲区之一是：用肉体的界限去判决一个人的人格乃至灵魂。小的体现：你不是我们村的，所以你看起来不像个好人。大的体现：你皮肤是黑的，你肯定智商不足；他的种族血脉低劣，他不应占用共同资源；她是个女婴，她不配活在这世上。这是生理/身体决定论，无知粗暴，却有着广泛的群众基础。不同肉体的人，在这世上，有着迥异的遭遇。

"猫进不了天堂，女人写不出莎剧。"伍尔夫在《一间自己的房间》里回答"为什么女人写不出莎士比亚的剧作"，她假设了同样天资聪颖的灵魂落在不同的性别中——莎士比亚和他的妹妹，会发生什么不同的事情：

"十六世纪时，女子天赋过人，必然会发疯，或射杀自己，或离群索居，在村外的草舍中度过残生，半巫半神，给人畏惧，给人嘲弄。"

"莎士比亚般的天才，不会出现在辛苦劳作、目不识丁的卑贱者中。……当时，女性几乎还在幼年，已经在父母的督促下开始劳作，法律和习俗也竭力维护这种做法。试想，她们又如何能孕育出莎士比亚这份天才？"

"女性始终是贫困的,不仅仅二百年如此,有史以来就这样了。说到心灵自由,女人还不如雅典奴隶的儿子。"

今日,女性的境遇已经变好许多了。可是从性别整体来说,女性仍然是相对贫穷的、受到更多限制的、遭到更多生命威胁和身体暴力的。同样的灵魂,在不同的身体里,可能有天差地别的待遇,原因仅仅是因为性别。"女人节"的存在,正是提醒我们不要忘记这一点,不要假装这个事实不存在。

在更理想的未来世界里,是没有"女人节"的,因为那将代表,性别不再是歧视和控制的理由。而无论身为男人还是女人,我们个人的使命在于,认清我们的灵魂,不轻易屈从于他人对我们身份的定义。"人生而自由,却无往不在枷锁之中。"人的第一重限制,就是我们的性别带来的。但很多人并没有因此受限。伍尔夫的灵魂就比许多男人走得更远更勇敢。让我用这个勇敢的灵魂说的话来结尾:

"假如不管什么人,都挡不住我们的视野;假如我们面对事实,只因为它是事实;假如我们明白,我们的关系是与现实世界的关系,而不仅仅是与男人和女人的关系,那么,改变的机会就会来临。"

让林奕含自杀的性

1 性是特别复杂的一样东西。

性能量可能是我们宇宙里最强的能量之一。在人类世界里，它和最强的爱、恨、羞耻、恐惧、伤害关联在一起，它是赤裸裸的原始，却可以与不断进化的整个文明相抗衡。

2 以前上心理课，有个老师说，尽量不要让儿童看到父母同床的性行为，因为这可能是一个巨大的冲击，突破了儿童能承受的世界的"边界"，是具有摧毁力的。

儿童并不具备理解"性"的心智，这就好像一个人突然在家里看到了外星人那样的冲击。

这也是为什么，儿童如果被性侵，对其精神世界的摧毁是相当于核爆级别的——他们的世界观还没有成型，就已经成为废墟了。很难想象，他们如何在这废墟中重建对世界、他人以及自我的信心。

3 林奕含留下一个"女学生爱上诱奸犯"的文本之后,就自杀了。

她在描述这个故事时,用了三个不同的词:一个老师利用他的职权,长期诱奸、强暴、性虐待女学生。

诱奸、强暴、性虐待,是三件不同的事。但如果发生在14岁以下的幼女身上,"诱奸"和"强暴"就没什么区别。

据说林奕含本人也"爱上"了在现实生活中诱奸(或者是强暴)了她的老师,他们的关系持续了许多年,在她成年之后,这几乎算得上一段恋爱关系了。

如果真的是"由性到爱",她也不至于如此痛苦,掉落深渊。

她是在心智成熟之后,回头望,才看见其中"惨痛"的性质。她意识到,"老师"是故意掐断了女孩成长的"可能性"。她形容,书中的女生,由于年纪太小,"像饕餮",觉得什么都好，没有品位，不知辨别。老师的作为，令"她身体里的伤口，像一道巨大的崖缝，隔开她和所有其他人"。

而她爱上老师，是因为无处可逃的痛苦、恐惧、无助，"强暴一个女生，全世界都觉得是她自己的错，连她都觉得是自己的错，罪恶感又会把她赶回他身边"。

她只能这样想："她决定爱上老师，因为爱了，这就是'做爱'了。"——她亲手把"集中营"修饰成了"度假村"。

4 让林奕含自杀的，并不是"性侵"这么简单。

很多年以后，她才发现，自己的"爱"有多可笑、多卑微——正如世人都会嘲笑她的那样。等她逐渐看清老师的真面目时，她也看见了自己的"肮脏"：和加害者同流合污。

是她默认了这一切发生了这么久。甚至到最后，她还乞求这一切。

她也曾享受这种"堕落"——这让她更加无法原谅自己。

老师的四处留情也更进一步激怒了她，强化了她的羞耻。

她终于明白，一个老男人，利用他的资源和权力，诱奸少女，是多么卑劣的行为。而这样的事，"每时每刻都在发生"，她无力改变这世界。她是其中的一部分。

她越是恨老师，就越是恨她身体内升起来的爱和欲望，这最终导致了对自己最严厉的攻击——自杀。

5

在林奕含的书写里,一个少女在性诱惑和性暴力中感受到了"痛快","既痛且快",而且还会回味加害者对她说的每一句情话,这会让人很不舒服,可这又是真实的。

老男人变着花样说着"我爱你",小女孩也就信了。

可是,林奕含又诚实地写了这"痛快"和"爱"背后的噩梦:女主角从13岁到16岁,几乎每天都梦到一个陌生男人的阳具插入她的身体。巨大的痛苦令她的精神破碎、恍惚、失忆。

她要编织"他爱我、我也爱他"的童话,才能忍受丑陋的人性和自己的羞耻感。

清醒过来的她,并没有力量承受真相。有的伤口,大到足以反噬生命。

6

所以,发生在成年人身上的性,和发生在未成年人身上的性,是不可同量级比较的。

7

一个成年女性诱惑一个小男生,也是有摧毁力的。张学良少年时"第一次",是被表嫂诱惑。在张学良的口述资料里:"那时我才16岁嘛,有一天家里没人,她调戏我,所以我坏蛋就是从她身上学来的,我也因此看不起女人。"

张学良后来对性的态度就是:生我的,我不敢;我生的,我不淫;其余无可无不可。

他又说：人就是一张纸蒙住脸，别把那张纸揭开，你要揭开了，那幕后就不定是怎么回事，你别揭开。（仁义道德就是那张纸。）

8 正如林奕含所认识到的，发生在她身上的，每时每刻都在继续发生。

许多男人脸上挂着一张文明的纸，后面涌动的是原始的性欲，这股原始的性欲，会在女童身上变成邪恶的犯罪。这样的男人，数量不要太多。他很可能就是我们身边那个看起来最正常的男人。

许多女性回忆自己小时候被猥亵或性侵的经历，来自"道貌岸然"的熟人：父母的同事、邻居，包括亲戚。每一个拎出来单看，都有一张正常人的面孔，都可能是好父母、好员工、好朋友。

也就是说，我们身边的每个人（扪心自问，包括你自己），尤其是男人，都可能怀揣着不可告人的、禁忌的性欲，并且很多男人实施了，他们挑选的对象就是年轻无知的女性或女童，因为她们是最完美的受害者——沉默的羔羊，既嫩又安全。

9 性欲最可怕的地方，在于它无法被消灭、被压制。它大于人的存在。

如果生命的另一个代名词就是"欲望"，那么，"性欲"就是其中最顽强、最有力的一种。

撕下文明的伪装，男人（也包括女人）对性的想象，是无所不及的。

很多男人受着性欲的折磨，被一个魔鬼牵引着，在释放与压抑之间煎熬，在人与魔之间徘徊。

有的人上升，有的人堕落。

上升的人将性欲转化成了别的创造力，获得建树与社会的认可，可也保不齐，哪一天，又突然想堕落了。有时候，堕落的诱惑要大于上升的诱惑。

10 至于女人常常分不清"性"和"爱"，那是因为，她们本来就不知道"爱"是什么啊！

"爱"是被女人误解最多的东西。只是因为她们需要爱，就幻想，发生在自己身上的"一切"都是爱。这让她们软弱。

没见过真品，一切赝品、残次品都值得渴望。聊胜于无。许多人的人生，不也就这样了吗？

11 成年人之间的性，同样复杂和隐秘。

它最接近一个人的核心秘密，因为它不可言说。

轻浮地、肆意地说性，仍然等于没有说，因为那离真实很远。

越是不可说的地方，越幽暗，越神秘，越具备生杀大权。

我们需要更多严肃地、诚实地谈性的文本（古往今来，这种来自女性的文本尤其少,多是出自男人之手。在许多文化里,说性本身,就是女人的罪,这也是美剧系列《欲望都市》的可贵之处,但它单一,只能代表某一种语境),来破除"性"的幽暗和谜团。

一样东西越是平常,加诸其上的魔力和引申喻义就越少,它对一个人的控制力也就越小。

这样,世间会更少一些悲剧,更多一些自由。

《嘉年华》所展示的女性命运

《嘉年华》是我今年（2017年）看过的最好的一部电影，因为它如此贴近我们的现实，又把现实的肌理呈现得如此精准深刻——这是再好再成熟的国外大片也无法替代的。

仅仅将《嘉年华》当作一部儿童性侵题材的影片，实在是小看了它。它是一部在若干年后再看仍具备艺术价值的作品。它有一种独特的气质，冷清，干净，是极其锋利的刀刃，弧线漂亮地剖开这个时代表面的繁盛，展示出内在的本质：人们究竟是以何种状态生存着。

我在这部影片中看到了一个最真实的中国女性形象：没有身份的流亡者。

少女小米，16岁，三年前从老家出逃（她在老家遭遇了什么，影片没说，但不难脑补），已经流浪了15个地方，后来她在一家酒店里做服务员，月工资不到600元，她最害怕的是别人要她的身份证——一个从老家逃出的女孩，怎么可能有身份证呢？

如果说身份证是一个被社会认可的象征，那么，中国女性的集体命运，就是不被认可，从她们一出生开始，甚至还未出生之时，就是不被认可的。

我们的屏幕上活跃着那么多不同的女性：后宫妃嫔、职场精英、辣妈女王、婆婆媳妇，但她们都不如一个小米能准确地告诉一个局外人（比如说几千年以后的人们），长久以来我们女性集体的遭遇是什么。事实上这些女性的身上都有小米的影子，但很少有人有胆识指出这个共同的阴影。

这个共同的阴影就是：女孩从一开始就背负了性别的"原罪"，她是被嫌弃的，女孩是这个男权社会的弃儿。女孩所遭遇的"抛弃"，不仅指有形的活生生的抛弃（那些因性别鉴定而无法出生的胎儿，那些一出生就被送人或遗弃的女婴），也指情感心理上的抛弃（"你永远不如哥哥或弟弟重要""你嫁人后终究是别人家的"）。

可以说，大量女性在原生家庭里是没有"根"的，她始终被父母准备着将来通过婚姻进入另一个家庭，成为另一个家庭的人。（而在另一个家庭，她又常常被当作外人。连一个孩子都可以写这样一首诗打趣她的母亲："妈妈说我是捡来的/我笑了笑/我不想说出一个秘密/我知道/爸爸姓万/哥哥姓万/我也姓万/只有妈妈姓姜/谁是捡来的/不说你也明白。"）

女性的身份是如此模糊甚至遗失，这又造就了女性在情爱上盲目漂浮的危险生涯——在整个社会都在贬低女性的无意识中，她要多有幸才能碰到不物化她、真正爱她的男人呢？

所以我们又在影片中看到了年轻漂亮的前台小姐莉莉。莉莉每次和一个叫"健哥"的地痞流氓约会，都精心打扮、满怀欣喜，还会对他撒娇"你不要走嘛"。莉莉把"健哥"看作男朋友，她似乎要刻意忘记，"健哥"只是一个给她介绍肉体生意的掮客。她如此软弱，巴不得抓住任何一点可能的温情——哪怕是她想象出来的。她被客人打得鼻青脸肿，"健哥"丝毫不关心她，她也仍然不愿意掐掉这一点想象出来的温情。

莉莉这个形象，让我想到卖火柴的小女孩，在一无所有、冰天雪地之中，还奢望着一星半点的爱情，以至于这种奢望变成了巨大的幻觉。

直到莉莉意外怀孕，去做人工流产，她拖着疼痛的身体回住处时，还苦笑着说"要生个儿子，带到小健面前，当着所有人的面叫他爹"，而才躺到床上，又痛骂起来："小健，我×你祖宗！下辈子再也不当女人了，再也不当女人了！"

这句话让人心惊肉跳，这是我们多么熟悉的"怨妇"：有一天，这个从来没有得到爱的女人，会变成一个母亲，拿孩子当作与这个男权世界对峙的人质。

于是我们又看到了小文的妈妈，一个离异的单亲妈妈。她沉浸在自己的痛苦之中，无暇顾及孩子。在小文被性侵的那一天晚上，她在外面跳舞到深夜两点，回到家倒头就睡，根本没发现孩子一夜未归。

等到女儿小文从医生的诊断室走出来，她伸手就是一个响亮的耳光。她当然还是在意孩子的，她陪着孩子去警察局，那个老谋深算的警察不怀好意地询问小文："你究竟喝了几瓶啤酒？"暗示小文可能是主动的，而不是被侵害。她愤怒地高声叫道："你什么意思？你是不相信我女儿吗？"她为女儿的遭遇而心痛。

可是回到家里，女儿对她的防备和敌意，立刻就刺痛了她，她看着女儿恨恨地说："你的眼神真是越来越像你爸爸了。"——她还恨着那个男人。同时，她也在女儿的眼里看到了周围人对她的那种鄙夷：一个婚姻失败的女人还整天在外招摇，还在努力找一个男伴，连孩子都不顾，真是羞耻。她冲进小文的卧室，发疯一般地撕扯小文的连衣裙："谁让你穿这种不三不四的衣服，谁让你这么漂亮！"——这又何尝不是她自己在他人那里听到的声音呢？

小文去抢裙子，却被妈妈拖到洗手间，在嚎叫中被剪短了头发。

这些镜头真是残忍至极。一个小女孩就这样学会了什么是"荡妇羞耻"，并且是被妈妈教会的。

剪短头发的小文站在镜子前，把台上的化妆品一一倒在洗漱池中，那些粉红的水流，就像所有女性的眼泪，触目惊心。

小文背上包离家出走，她不可能再待在如此践踏她的母亲身边。她跑到父亲的住所，也无人应她，她只有流浪街头。在夜色中，小文来到巨大的梦露塑像下。在梦露的高跟鞋脚边，小文蜷着身体，席地而睡。刚刚遭受过性侵的她，宁可将自己暴露在毫无庇护的危险中，也不愿意回家——究竟哪一个对她的伤害更大？

至此，小文，一个在小米看起来锦衣玉食的城市小学生，也正在成为另一个"小米"。而在小文无家可归的背景中，是很多对男女在沙滩上，穿着婚纱和礼服，摆拍着千人一面的婚纱照。这真是意味深长的讽刺。

导演文晏说："小文可以变成小米，小米可以成为莉莉，莉莉可以成为孩子们的妈妈。她们之间的转换不过是时间和选择的问题。"这样直白的诠释，当然远不如电影叙事本身那样动人和有力。

每一个女人都有她的过去，而这种过去又在指向并不新鲜的未来。每一个女人，身上都有其他女性的影子和可能性。因为我们从一开始就活在一种集体无意识中，女人从一开始就被施了性别的诅咒：女人，你是不值得爱的。

在这样扭曲的集体文化之恶中，男人也无法幸免：作为男孩子，他们固然可以被挑中、被存活、被青睐、被重视、被给予厚望和资源，然而他们也没有享受过完整的作为"人"的被爱，因为他们获得这一切偏爱最重要的原因，就在于他们是个"带把儿的"。他们的性器官，大于他们自身的存在。他们被鼓励虚张声势、巧取豪夺、攻击他人、传宗接代，来证明自己的价值和强大。《嘉年华》中的男人，无论刘会长、酒店老板、警察、医生、地痞流氓，都多少有点权力，都可以去"整"他人（比他们弱的弱者）。可他们活得都不像人，要么是猥琐的，要么是残暴的，要么是虚伪的和麻木的。唯一没有权力，但多少还有点骨气的小文的爸爸，在他前妻的口中却是一个"窝囊废"。

梦露的雕像在影片中是一个很好的象征。最开始，小米抬头打量着裙裾飞扬下的梦露的女性私部，她是仰望的，作为一个毫不起眼的、最底层的女孩子，她内心渴望这样一种炫目的性感——这种性感也是一种权力，是无力的她所向往的。可影片也表达了"梦露式性感"的脆弱和荒谬：梦露那洁白的大长腿上很快被人贴上各种小广告，小米很惆怅地用手去撕，却撕不掉；最后因为新建游乐场，梦露雕像被肢解掉、切割开，随意凌乱地堆在货车上，运走了。

影片中还有一些细节，十分自然，却揭示了"平常"之中我们竭力去忽视的隐痛，比如多次出现的妇科检查台。两个孩子遭性侵之后，几次三番被警察带到这些检查台上。第一次妇科检查是一个女性成长中的标志性事件，女性的身体在什么情景下被什么样的目光审视，会奠定她对自己身体，甚至对自我价值的看法。而很多女性的经验，则是在类似的身体检查中（也包括生产过程中），不得不屏蔽她们对尊严的需求。无论多么精神自由的女性，都可能在那一刻意识到，原来自己被锁在这样一具不自由的身体之中。

《嘉年华》是一部非常悲伤的电影。因为它是如此真实，所以更让它的悲伤无以复加。它不动声色地展现了我们习以为常（我们本不该习以为常）的疼痛和荒谬。

豆瓣上有一个短评说："电影结束，我后排的一个女人泣不成声，她老公在一旁怎么安慰也不好，字幕放完，影院工作人员催促过后，他们才慢慢站起。我才看到，她怀孕了。"

作为一个母亲，我看电影中间也几次欲落泪，为这样一个无爱而残忍的成人世界，为所有曾经、正在、将要诞生在这个世界上的孩子，而深深地难过。

最令我坐立不安的，则是：我会不会也成为这样一个荒谬世界的一部分？当小文的妈妈撕扯女儿的裙子、小文求她"不要"时，我在其中看到了几乎所有母亲都可能有的心魔：当我们的孩子不受控、不按我们的意愿发展，当他们陷入一个坏的结果，我们在为之心痛的同时，也会忍不住粗暴地对待（再次伤害）他们。我想起，当我两岁的孩子在发烧感冒时仍然执拗地光脚踩在冰凉的地板上，把玩具水枪里的水喷得到处都是，极度疲倦的我，也像恶魔上身，抢走他手里的玩具，狠狠摔在地上，对他大吼："让你再玩水！我再也不会理你了！"然后不顾他大哭拂袖而去。

尽管这和电影中是两种完全不同的场景，但是，我想说的是，有时候母亲就是残忍的，连她自己也控制不住，尤其是在她虚弱难堪无助之时。很有爱的母亲，内心必定是充足有力的。

很有爱的母亲，要么是得到过很多爱，要么是具备极大的勇气和毅力，能抵抗住匮乏的吞噬，能肩住黑暗的闸门，以爱吻痛，给予他人她自身并未曾获得的，并从这种给予中确认自身的充足——这是一个十分艰难的自愈过程。

《嘉年华》的结局，是小米穿着白裙子骑着摩托车在公路上。这样一个一无所有的少女，却做了一个不同寻常的选择。没有人知道她要去何方，未来是未知的。"全世界的好导演，都有一个共同的特点：在生活的禁锢中，追寻心灵的自由。"一部《嘉年华》，让我爱上了文晏这个导演。现实沉重粗糙，僵硬如铁如石，渴望爱与自由的生命与之碰撞磨合，难免不流淌下血与泪。可我们仍然要追寻，并在力所能及的给予中，丰富这个贫瘠的世界（与影片中带有讽刺意味的"嘉年华"相对应）。因为我们毕竟不是石头，是生命。

神奇女侠懵掉的那一刻

看了电影《神奇女侠》,一些感想,随手记下。

1 如果《神奇女侠》仅仅是一部"成人版奥特曼打小怪兽"的电影,即一个超人英雄拯救世界的简单叙述,那我最多也就打6分。可它的主题并不是如此,它的主题是"战争"和"人性",并且做了不浅的探讨,为此我会很愿意加上赞赏的2分,它是我心目中的8分片。

2 先从影片中最震撼我的一句话说起:"和平?那不过是两场战争之间的短暂停歇。"

这句话来自影片的头号反派——"战争之神"阿瑞斯。我听了后打了一个寒战,因为他说得太准确了。

在我的有生之年,我活在"和平"之中,但并不代表我的余生还会如此幸运——随着年龄的增长,我学会了将个人的生活放在人类历史的背景之中。

战争离我从来不遥远。我的爷爷奶奶、姥姥姥爷都能生动地讲述抗日战争中所经历的惊险故事,而我的父母则经历了另一种动乱:"文化大革命"。战乱破坏了个人及文明的积累和发展,在战争中,很少有人受到良好的教育、享受正常的生活,人性在其中经受了暴力的摧残,也因此会在一代人的身上留下匮乏、挣扎、粗鄙的特性。

战争视生命为草芥,如今的父母考虑的是诸如"要不要给孩子上早教"的问题,而在战争中,父母则是要考虑如何保住孩子的命。

稍微将眼光打量一下不远的过去,就知道,我们目前拥有的"和平"是多么短暂。人类历史就是这么残酷:如果一个人能活100岁,他一辈子从来不遇到战乱或暴乱的可能性,微乎其微。

3 那么,为什么人类会有这么多战争呢?为什么人这么喜欢自相残杀呢?

这个问题很复杂,很难回答。神奇女侠就经历了早期"傻白甜"阶段:因为有坏人,把坏人杀死,就没有战争了。

按照电影的人设,神奇女侠原名戴安娜,是亚马孙族(古希腊英雄史诗传说中的一个女战士族)的公主,是众神之王宙斯与亚马孙女王希波吕忒的女儿。希波吕忒告诉她:人类是宙斯创造出来的，他们勤劳善良勇敢聪明，其乐融融；然而阿瑞斯嫉妒人类，于是腐蚀了一部分人类的心灵，挑起了人类之间的战争；而亚马孙族就是正义的化身，她们的使命是守护世界的和平。

戴安娜从小到大受到的教育，给她的信念就是这样的：只要杀死阿瑞斯，人类世界就可以重归平静美好。

这种简单的信念，令她所向披靡，因为她的目标很明确：找到阿瑞斯，杀死他，就大功告成了。

结果呢？当她杀死她以为的"阿瑞斯"时，一切都没停止：眼前的人们仍然把毒气罐运送到飞机上，投向无辜的人群。

这时她才想起妈妈说过的另一句欲言又止的话："人类并不值得你去拯救。"

她一直以来的信念刹那间崩塌了，她发现，人类不是受了阿瑞斯的蛊惑才变坏，人的本性里就有自私、仇恨、狡猾、懦弱的成分，正是人类自己，亲手酿造了战争。杀了"大魔头"，并不能解决问题，因为人类还是会崇拜和服从另一个"大魔头"，周而复始，源源不断；"大魔头"并不是"人民"的敌人，反倒是代表了"人民"的需求和意愿。

这时，她的意念里也有了"阿瑞斯"的踪迹：人是如此丑陋，他们自相残杀，又肆意破坏生存环境，根本就是多余的；没有人类，这个世界才会变得更好。

4 没有人类，这个世界会更好——这种想法，并不是只有反人类的恐怖分子才有。对人性洞察得越深，就越少存有盲目的乐观。科幻作家刘慈欣的小说《三体》，展示了一个科学家的宇宙观：人类文明太低级了，根本不配存活于地球之上，应当邀请外太空的高级文明来毁灭人类。宫崎骏也通过他的动画片《风之谷》表达了类似的意思：人就是地球上的毒瘤。

当人工智能程序阿尔法狗打败所有的人类围棋高手时，有人提出了"人类未来会不会被AI毁灭或奴役"的担忧，这一担忧收到这样冷静的回复：人类本来就不代表最高的文明，如果将来被另一智能物种所淘汰，也不可惜。

还有人说：AI为什么要学习人类的情感呢？AI完全可以按照它们的世界观去发展壮大，人类情感中盲目、狂热、脆弱、拖后腿的地方太多了，或许本身就是更进一步进化的障碍。

跳出"人类中心论"的观念，人类好像的确是个漏洞百出的物种。如果哪一天真的毁灭于一场核爆炸中，也是咎由自取啊——还连累了地球呢。

5 当神奇女侠戴安娜陷入"人类社会值不值得守护"的怀疑之中时，她就懵掉了，再大的战斗力也使不出来了。

戴安娜必须懵掉，她懵掉了，《神奇女侠》才不会成为一部普通的烂片。

她懵掉了,才有从"傻白甜"走向更成熟阶段的机会。成熟就意味着,以前接受的"教育",和自己发现的事实并不一致,以前深信不疑的东西,原来并不那么确凿,简单的"非黑即白"已经不管用了,必须打破旧有的认知,重组世界观,理解"复杂",更重要的是,在复杂的困境中,做出选择。

她需要重新理解"人"。她从男主角那里,看到了一点"人"的希望。

6 男主角代表的,是人类中最光明的那种人。他知道他救不了所有的无辜受害者,但是他还是要去救;他知道他所做的不能画下战争的休止符,但是他还是要去做;他知道世界并不美好,人性充满了邪恶,但他还是选择了守护。

守护比摧毁要难得多。智者写下的几千卷书,独裁者的一把火,就化为灰烬;数代人建立起来的一座城市,一颗炮弹,就秒变废墟。那么,为什么还要去创造,还要去守护?为什么不干脆变成摧毁力量的一部分?

因为相信。相信创造、给予、守护是对的。

不是为了好的结果,才去做对的事。是因为这样做本身就是对的,哪怕看穿整个过程都会是个悲剧。

7 多年前我第一次看意大利电影《美丽人生》，觉得那个父亲太夸张了，在惨无人道的集中营里，他还能幽默地与儿子玩游戏，掩盖残酷的现实。他难道不知道，自己很快就要死了吗？他的儿子也很快要死吗？他编织短暂的谎言，有什么意义呢？如果他怀有一丝孩子可能活下来的希望，他为什么不告诉孩子真相：你看，这些坏人，就是杀害我们的凶手，他们多么可恶，你将来要比他们更狠，才能活下来，才能为我报仇。他不怕孩子将来忘记这一切真相吗？

后来我懂了。孩子长大后，终归会知道这一切的真相——他经历了人类历史中最黑暗的那部分——无情的屠杀，尸骨如山。

可父亲为他编织的"谎言"，是真相的另一部分。

孩子父亲做的是这样的选择：他并不告诉孩子世界是怎样的（总有一天，孩子会自己去发现），他只是选择成为智慧、幽默、勇气与爱的那一部分。那么，在孩子的体验中，他就体验到了智慧、幽默、勇气与爱——这些体验在孩子心灵中永远不会消失，成为他所理解的世界的一部分，坚不可摧的一部分。

8 因此，每一个人的选择和行为，都是在为他人做注脚：这个世界究竟是怎样的。

作为神族的一员，戴安娜后来看到了人类英雄的悲剧性：漫漫黑夜里的一丝火光，很容易被黑暗所吞没。

面对这样脆弱的咎由自取的人类，是拯救还是毁灭呢？

神也面临了人的抉择。做人，比做神要难多了。当神面临这样的抉择时，才会知道人的勇气有多大。也许只有当她理解了人的这种悲剧性的勇气时，才会生出"人，值得一救"的豪情。

第2辑

我对自己做母亲的几点要求

经过几年的深思熟虑，诞下一个小生命，明白这是自己心甘情愿且自由自主的选择。

因为太知道父母对孩子的影响，对养育一直怀有敬畏之心。也知道自己不是一个完美的人（事实上要求自己或别人成为完美的人，也是人格不成熟的臆想），在做母亲这件事上不可能事无巨细、面面俱到。可是如果因为太担忧而诚惶诚恐，也同样会把事情搞砸，放松且稳定的心态无论如何都是更为持久的方案。我不苛求自己做一个"100分妈妈"，但希望能做到几点：

享受和孩子在一起的时间。做母亲当然是一件不容易的事，会疲倦、劳累甚至超负荷运转，而人在这些状态下很难有好情绪。所以我应当尽量避免接近自己的能量极限，适当地把育儿劳动分摊给其他家庭成员或专业人士。倘若实在避免不了，也要记得这些劳动是自己选择的结果，和孩子没有半分关系，像一个有担当的大人那样去面对，而不是将焦虑和埋怨转移到孩子身上，更不能用这一份自以为是的"辛苦"作为"教育"和"绑架"孩子的资本。也绝对不说"我当初多么不容易……"这样的话，这简直是倒打一耙，孩子带来的感动和快乐，他要真和我算账，我只有理亏闭嘴的份儿。

相信他。相信一个生命的天性里有向上和向善的力量，相信这份力量大过于我的所有唠叨，给他自然生长的空间。相信他有学习和更新的能力，相信他有在挫折中反省和成长的能力，相信他能摸索出自己的路，并在这份探索中体会到深刻的成就感。相信他即使不成为一个"成功"的人，也会有对美和情感的丰富感知，并且因此而幸福。我要做的是守护和支持，在关键时刻给予他所需要的帮助，而我不是我自以为的帮助。

不过度放大自己的重要性。妈妈很重要，但这一重要也是有阶段性的，可能在三岁之前尤为突出，这个时期妈妈需要给予孩子足够的亲密和互动。但要警惕一种随之而来的常见错觉："孩子是如此需要我，没有我就不行。"三岁之后，孩子会上幼儿园，会渐渐社会化，会接触许多不同的人，他对一些人的喜爱会超过对妈妈的喜爱，如果这时妈妈有失落感而不自察，就会无意识地向孩子"争宠"，而孩子也会因为顾忌妈妈的感受，"不敢"成为一个真正独立的人。孩子一定会从除我之外的人身上，得到快乐、温暖、支持、教益和领悟，这样的他，才不枉来这世界一遭，我当由衷为他高兴。

保留我自己的偏好和信念。尊重孩子，但父母与孩子仍然是平等的，不把孩子抬高到过分的位置。在和孩子相处的过程中不可避免会留下自己偏好的痕迹，这些主观的东西，无论他喜欢不喜欢，我都不太会因他而改变，当然也不会把我的喜好强加于他。至于生活方式或价值观什么的，奉行A生活方式或价值观的父母很可能有一个A-的孩子（这种情况还挺常见），这个很难强求，各随其好吧，但不妨碍我爱他。我第一眼从B超影像里看到三个月大的他，我就知道，我将一直爱他。

做自己喜欢和向往的人。因为我这样做了，我就不会把大量精力用来强求孩子的父亲这样做，以及强求孩子这样做。

是什么在偷走做母亲的快乐？

两年多以前，我写了一篇专栏《不生孩子的责任》，现在，我在家抱着两个月的孩子喂奶。

我是怎么从一个生育怀疑主义者成为一个母亲，这中间恐怕有十篇专栏的心路历程。总之，为了做一个"有责任"的母亲，我谨慎地做了一些重要准备：确保银行卡里有足够的金额，找心理咨询师帮助，审视了我对人类的悲观并将其克制到一个合理的范畴，和先生仔细分析了双方长辈的风格和干涉程度，制订了家庭成员分工计划和可能的替代方案，等等。

出于一个写作者刨根究底的"坏习惯"，我还和身边许多做了妈妈的女性朋友聊天，了解她们的烦恼。我想，这些烦恼一定可以预防，在它们来找我之前，我就要把它们一一瞄准解决掉。

我的"周全"看起来有些用，怀孕后，我从容地工作与生活，并且出了一本新书；生完孩子后，拜一个能干的月嫂所赐，我恢复得很快，吃得好睡得香，一周以后先生去国外出差，我已经能和他愉快地视频聊天。

一切看起来不错。可是，李安的《饮食男女》说："人生不能像做菜，把所有的材料都准备好了才下锅。"这句话的提醒在于：人不可以自大到以为自己什么都可以准备好。

生孩子的前两个月，一些意料不到的事仍然让我猝不及防。第一件事就是我的预产期推后，医院实行催产。宫缩时的阵痛刷新了我对"痛"的认识：WTF！怎么从来没有人告诉我有这样的痛！

错了——我当时十分懊恼地想：不是没有人说过，可语言是孱弱的，而且谁叫我自信地以为，那么多女人都可以忍受的痛苦，对我来说也不是什么事——是我彻底错了。身体的剧痛击碎了我的意志，我陷入凌乱的绝望，我不管他人是如何体验的，我只知道自己被扔进了地狱的酷刑之中。在这样20个小时的"酷刑"之后，我离进产房的指标还差很远，却已经是发烧迷离的状态。"恐怕要做手术剖了。"医生说。我泪流满面地恳求她："快给我安排手术吧。"几个小时后我被推进手术室，我像领到了一张通往天堂的许可证那么满怀感激。

另外一件事是母乳喂养。迟钝的我花了两周的时间才明白：母乳喂养是一件比想象中要劳心劳力得多的事。我每隔两三个小时就要给嗷嗷待哺的小婴儿喂奶，而且由于奶水太多，我还必须在固定的时间用吸奶器吸出来——这和我之前的设定差太远了。

为了做一个"轻松快乐"的母亲，我请我妈过来帮忙，还请了最好的月嫂，我以为我可以专注于身体恢复和高质量的亲子互动，我才不要做一个整天睡眼惺忪、焦头烂额、蓬头垢面的妈妈。我甚至很早就开始制订阅读和写作计划。所以，当我发现我每天的时间被切割成至少八小块，每一块上都写着"喂奶"的任务时，我不适应了：我刚刚喂完奶才一会儿怎么又要喂奶了？我一天到晚就剩下无限循环的"喂奶—吸奶—喂奶—吸奶—喂奶……"。我觉得自己像一个不能讨价还价的喂奶机器。更不要说后来我还得了两次乳腺炎（痛得让我怀疑人生），这使得我时时刻刻都得关注和检查乳房的情况，不敢有丝毫游离之心。

作为一个女性主义者，我总在尽力忽视"女人"与"男人"之间的人为差异，我不认为有什么是男人可以做到而女人做不到的，可是生育这个行为让我明白"女人"与"男人"之间确凿的生理差异。我甚至有点嫉妒我的先生，他没有可以分泌乳汁的乳房，他不用一天24小时被紧紧拴在一个小宝宝的需求上。

乳房硬得像块岩石、疼痛难耐的时候，我想要断掉母乳，但很快就有一阵愧疚感袭来：联合国儿童基金会不厌其烦地提倡母乳喂养到两岁，社区医院几次打电话来确认我是不是在母乳喂养，所有亲密育儿的书都在证明母乳比奶粉好100倍，我要是不喂母乳就是《白雪公主》里那个恶毒的"后妈"！

在沮丧之际，我问我的妈妈："你那个时候不会遇到这些问题吗？"她似乎在竭力搜索回忆，但显然是隔得太久了，她迟疑地说："好像没有啊。"和我比起来，她们那一代女性"能吃苦得多"，很大一部分原因，大概是她们认为一切身体和心灵的疼痛都是"理所当然"的，甚至没有倾诉的必要，因为"女人都是这么过来的"，她们的沉默让后来人对"做母亲"这种体验了解得太少，只留下一张空洞的"伟大的母亲"的旗帜在她们头顶上飘扬。

而我们这一代女性并不想要"伟大"，我们不喜欢"牺牲"这个词，我们想要更多的愉悦，我们的挑剔和敏感，相比上一辈未免显得"矫情"。可我庆幸自己生活在这个可以"矫情"的时代里。我永远不想因为做了母亲就丢掉属于我个人的精神追求，以及陷落到无止境的琐碎之中。尽管我做了那么多的物质准备和心理准备，也要接受这样的事实：在不短的时间里，我要压缩比我想象中更多的个人空间，去做一个母亲，去与那个无条件、无限依赖我的小生命紧密相连。

在这样不太甘心的情绪下，另一种认知却在悄然生根发芽。艰难的母乳喂养磨合期过后，我意外地发现，在夜里温暖地怀抱着孩子，看着他宛如荷花般洁净的小脸，听着他柔嫩地吞咽着奶水的声音，我的内心充满了温柔和安宁，我不由自主地跟着他哼哈咿呀，甚至唱起自创的摇篮曲，这样的频率令我放松而且幸福。这种幸福与我阅读思考时获得的精神火花不同，那是一种给予的幸福，一种简单本能的快乐。

还有一次，我像往常一样把哭闹的孩子扔给保姆，因为要"抓紧时间做点自己的事"，一个小时后我悄悄踱步到卧室，看见孩子已经在保姆的安抚下睡着了，他的小手还拉着保姆的大手。在转身那一刻，我有点心酸：我希望牵着他小手的人是我，而我却并没有这么做。我立刻想到，不知道有多少父亲有类似这样的心酸——在最常见的家庭分工里，他们出去赚钱，把和孩子亲近的机会（也可以说是照顾的任务）留给了"妈妈"。

但"妈妈们"也在向"爸爸们"靠拢，"妈妈们"也把陪伴的任务交给了保姆和长辈。"妇女能顶半边天"，60多年前，中国女性就成了"光荣"的社会劳动力的一半，我自小也是由保姆和单位附属幼儿园照看大的。王朔在他的文学作品里表达了幼儿对"母亲缺席"的恐惧和愤怒，身为女人，我们马上嗅出了这对女性的不公平：为什么母亲缺席就要承受这么大的指责和压力，而没有人注意到父亲的缺席？

而在我自己身上，我嗅到的是另一种危险的信号：我可能仅仅为了要显得公平，就把自己推向了"男人"的那一端，我要追求事业和建树，我要避免"母亲"这个身份对我的羁绊，我把某些细碎的事情看作是"浪费时间"。这好像进入了一个怪圈：因为我们没办法拉父亲回归家庭，那么我们也隔离开一点。男人和女人，好像都离他们的初衷越来越远了。

无论是"缺席"还是"全席"，女人总有焦虑如影随形。"缺席"意味着不称职的母亲（尤其是弗洛伊德以来，一个人的所有人格问题都可以怪罪于幼儿时期母亲的言行不当），而"全席"则意味着这个女人的经济地位和社会认可会一落千丈。看来，只有兼顾两端的中庸之道是最佳解决方案。可是，在一个人人都摩肩接踵往前挤的国度里，"中庸"也是落伍的代名词，甚至连这样的"中庸"对许多人也是奢侈和仓皇。

这不仅仅是母亲的困境。我们这个时代的机会太多了，为人父母的中年人恰好是"最值钱"的阶段。有天下午三点半，我路过一所小学，校门口站满了头发花白的爷爷、奶奶、姥爷、姥姥，而此刻孩子的父母们正在他们的工作岗位上虔诚地"赚奶粉钱""赚学区房钱"。与我们魔幻般快速变化的外在环境相比，育儿是一种古老而缓慢的行为，它只有扔给有大量闲余时间的退休老人才划得来。那天我路过小学门口，想通了一个问题：为什么在我们周围，老人和小孩成了最佳组合？因为只有小孩和老人的时间是不卖给金钱的。

有一首诗叫《牵一只蜗牛去散步》，这对许多父母来说，更多是偶然性的审美咏叹，而不是生活指南，如果没有原始积累，你和蜗牛只能被无情地碾压。这听起来有道理，可我们只有这一种选择吗？

我已经从生育这样一种古老而缓慢的行为中感受到了不同于以往的快乐，为此，我接受了身体的疼痛和损耗，并且明白这样的快乐和损耗都是我身为女性的一种自然属性，是大自然赋予我的。而我之前对这种快乐是害怕和否认的，因为这快乐是这样"没有门槛""没有技术含量"，它彰显不了一个人的"优秀"或"与众不同"；还有，如果我承认我享受做一个母亲，好像就是对我"为女性争取母亲以外的权利"的背叛。

当我意识到这一点，我又何尝不是吃惊：我竟然是一个忠诚的男权规则的崇拜者，我推崇竞争、成就和大事，而轻视微弱琐屑的日常小事（当然也顺便轻视了那些做日常小事的人），而且我有粗暴的二元对立倾向，在我向往和追求更多选项的时候，我可能忘记了这一切的初衷：为了做一个更明白、更能自由选择、更让自己满意的人。

这样想想，女性阵营中的许多吵闹不也是我们内心纠结的外化？家庭主妇指责事业女性"没有母性""舍本逐末"，事业女性瞧不起家庭主妇的"自甘堕落""眼界狭隘"，可是这两者哪个有罪？不过是对彼此不能成为的另一种身份充满偏见或感到遗憾罢了。

一个女人以怎样的方式去做母亲，在她条件充裕的时候，是自由的选择，在她条件不充裕的时候，则是无奈的退守。我们要做的，不是质疑和打压做母亲的方式，而是为每一个可能的母亲（以及父亲）提供充裕的条件。一个人在守候内心的和谐与快乐时，不可避免地要有外在环境的配套支持，这种渴望驱使我们去建立一种更好的规则和次序：一种不只是鼓励快速竞争的规则、一种奖赏长期耕耘和呵护家庭感情的规则。

就我个人而言，自我认识也很重要，毕竟"母亲"这个身份的转变是如此重大。当我看见并剥离了我的不甘心、焦虑和严厉时，我可以全身心地投入和孩子在一起的快乐中，毫无顾虑，没有负担。

写给孩子的第一封信

亲爱的孩子:

这是我成为妈妈的第一个母亲节,可是我几乎忘了这一天。是啊,"妈妈"这个身份,无须用特殊的日子来提醒,从你出生,此后的每一天我都是母亲,如天上的流云和地上的清风,没有一天会停歇。

忘记这一天的,不只我一个人。就在前几天,一个阿姨告诉妈妈,她只有在收到女儿亲手做的节日卡片时,才会想起:哦,这是母亲节。为什么总是记不起呢?她说,因为和女儿在一起的日子,天天都是馈赠,并不需要单独拎出一天作为做母亲的回报。

你看,许多妈妈并没有等着这个"专门给母亲"的节日,那么,为什么要有母亲节呢?我想,这只是一个平常的日子,适合孩子们用他们舒服的方式表达一下对妈妈的爱。而如果在这一天忘记表达了,也没有什么关系,因为妈妈已经从孩子身上得到了太多珍贵的礼物。就像你,你每天早晨醒来的笑脸,你睡着后的恬静,你好奇的眼神,你伸手要抱抱的依恋,你活在当下的快乐,都让妈妈更爱这个世界,妈妈要好好感谢你才是。

妈妈大学时的好朋友也说,以前她是一个很不愿意表达的人,在有了孩子之后,变得柔软了许多,会发自内心地抱着孩子说"妈妈爱你",她感恩孩子带来的变化,她说这是一种幸福的驱动。

妈妈这一代的大人,普遍不太会向父母表达肢体上的亲昵。这是因为,我们在小时候,父母对孩子做亲密的表达并不流行,作为父母,他们克制、隐忍,甚至可能用严厉、责备的方式来表达对孩子的关爱——尽管是无意识的。在这样的环境下长大的孩子,忽然要拥抱着父母说一声"我爱你",是一件很别扭和尴尬的事。

所以，妈妈并不喜欢这个节日里煽情而刻意的"感恩"，以及"集体孝顺"的套路，因为，父母与子女之间的关系，是非常私人化的，是在一朝一夕的相处中点滴塑造起来的。父母如何对待孩子，教会了孩子如何对待父母。父母如何对待生活，也教会了孩子如何对待生活。谁让父母是影响孩子最大的人呢？在这一点上，孩子并没有挑选的余地。孩子在长大后，如何对待父母，实际上是成人之前父母对待孩子的翻版。

我们的社会学家和心理学家在不断地证实，在所有的外在因素中，原生家庭对一个人的影响是最大的。比基因的繁衍和复制更顽固的，是家庭模式的繁衍和复制。在一个家庭里，温暖孕育出温暖，冷漠繁殖着冷漠，宽容带来了宽容，狭隘衍生着狭隘，开明创造出开明，愚昧复制着愚昧。如果意识到这一点，在母亲节和父亲节，与其说是子女感恩的日子，不如说是父母自我观察的日子：我究竟是怎样的父母？

孩子，如果我期待你是喜爱学习的，那么，我首先要让你看见"好学"的样子——而实践它的人，最好就是我自己。如果我期待你将来以健康明亮的心态爱我，那么，我首先要给予你健康明亮的爱，这样，一切结果才是水到渠成，没有一点违和。

我希望等你上学的时候，不再有学校组织学生在"母亲节"集体给妈妈下跪或洗脚之类的活动，因为这违背了"自然流动的感情才最美"的原则。一个人的感情，应当是他最为珍贵的东西，无论这份感情是感动还是爱慕，无论表达的方式是含蓄还是直白，这都是属于他个人的自由，不能被剥夺，更不能被强迫。尊重自己的感受和感情，是一个人幸福的关键，希望你一直能保卫它。也只有尊重自己感受的人，才会懂得尊重他人的感受。

另外，孩子，不要信"你欠父母的太多，一辈子也还不清"之类的话，你不欠我的，你很好，你值得被温柔对待，不仅仅是被我——你的妈妈——在未来，你也会收获来自他人的温柔的爱。你要相信人与人之间最美好的感情，不是用来交换和偿还的，它是自发的，是源源不断的。如果你相信这一点，你就会发现，你同样拥有给予他人这份爱的能力。交换和偿还的"爱"是有限的、痛苦的，而发自内心的爱是无限的、幸福的——这一点，还是你教会我的呢！

孩子，等你渐渐长大，你会发现这个世界上有各种各样的人，他们和妈妈说的不太一样。这就对啦，告诉你一个大人经常忘记的秘密，那就是：每个大人（哪怕是老人），都曾经是婴儿和孩子，他们都有自己的妈妈，他们的妈妈如何对待他们？是冷漠还是温柔？是粗暴还是耐心？是亲密还是疏远？可能各有不同，那么他们的个性和信仰也会随之受到巨大的影响。要怪罪他们的妈妈吗？可是，他们的妈妈，也曾经是一个无力的婴儿，也有无法选择的妈妈和童年……

说起这些，是帮助你更好地理解人与人的不同，不仅仅有天生的基因差异，还有后天的生活环境差异。"妈妈"这个角色不是神。只要是人，就有不完美的地方，在这个世界上，有的父母可能不合格，这很遗憾，也令人悲伤，可这就是现实。孩子不欠父母的，但孩子长大以后，需要勇敢地对自己的人生负责。父母都有或大或小的局限，这就给所有孩子留下了自我成长的空间，甚至于，有的孩子还要有勇气去突破"成功父母"的模板，找到他自己的路。等你长大以后，如果你看到有的人因为父母的原因，处于并不好的困境中，请尊重他的努力，他只是没有那么幸运而已。

有一天，你可能会成为父亲（这要看你的意愿），妈妈希望你知道，"母亲"不是单独存在的，"母亲"对应的是"父亲"，父亲和母亲一样重要。如果有那么一天你当了爸爸，你要爱你的伴侣（不要凑合结婚，这是爱的基础），爱你的孩子（不要因为外界压力而生孩子，这也是爱的基础）。在家庭里做一个温柔有爱的男人，是很英雄的行为，千万不要对此感到羞赧、觉得不够"男人味"。妈妈们因为哺乳的原因，与小宝宝的关系会天然更紧密，也必须付出更多精力和时间——这是妈妈和爸爸在宝宝小时候唯一无法分工的地方。

妈妈也曾嫌母乳麻烦，想早点给你断奶，可是在一天天的哺乳过程中，发现你很喜欢母乳，母乳也能给你更好的免疫力，妈妈就坚持下来啦，即使上班期间要背奶，即使每天晚上要夜醒两次，我也甘之如饴。妈妈的这份坚持，离不开爸爸的理解和支持。在你还是很小很小的婴儿时，妈妈并没有适应"奶妈"的角色，你的爸爸虽然无法亲自喂奶，但会在每一次夜奶时，起床陪在妈妈身边，给妈妈鼓励，让妈妈觉得自己不是孤身一人。这很重要。如果你能常常看见妈妈的笑脸、在妈妈这里感觉很安稳，很大一部分原因是爸爸和妈妈一起分担了一些不容易的事。

孩子，对你，我不吝啬所有的爱与温柔。谢谢你让我看见我内心的爱。妈妈这些年曾兜兜转转寻找"爱"，也曾悲观和绝望，谢谢你让我知道："爱"不在别处，在我自己身上。愿你将来无论遇到何种的痛苦与黑暗，都能忆起生命初期的爱与温柔，都能明确地知道：爱，是存在的。生命值得被爱，如果有人生下来不被爱，那不是他们的错，更不能证明爱就不存在。相信爱的人，会创造和捍卫他们热爱的东西，会以这样的方式影响和改变那些曾经被伤害、不相信爱的人，妈妈正在努力这样做，你是不是也会和妈妈一起发现其中的乐趣呢？

不管怎样，爱你。

妈妈

2016年5月5日

学习是人的天性

1 小朋友九个月大了，家里的一切都是他的玩具，而且玩得很专注。

窗台上有一个小小的消毒柜，小朋友无意中碰到了消毒柜的触碰按钮，"嘀"的一声，消毒柜启动了，他竖起耳朵听了一会儿，又用手去摁了一下，"嘀"的一声又停了。他的兴趣立刻被勾起来，用手去碰，听到"嘀"，再去碰，又听到"嘀"，然后又用嘴巴去碰，"嘀"，又去啃，"嘀"，又舔，"嘀"，再用手，"嘀"……这样反复了几十次，手口并用，找到了动作、声音、消毒柜启动之间的联系，终于暂时失去兴趣，玩耍才告一段落。在这期间，我只是看着他做，并不干预他。

有一天他又突然对开柜子的门感兴趣。第一次把门打开，哇，好惊奇！又把门关上，还是好惊奇！嗯，他的小身体立即粘在了柜子前，又开始了不断重复的尝试：开—关—开—关—开—关……乐此不疲。在转动柜门的时候，他还会把门的正面和反面仔细看个够，那认真的样子，看得我都忍不住跟着他瞧：是不是这门的正反面真的藏着什么奥秘呢？

天气热了，他大概看了许多次大人开空调的动作，也要紧紧抓住遥控器。最开始，他的手指头还不会按下细小的按键，摸来摸去，啃来啃去，不得要领。后来有一天，他终于按到了，听到了"嘀"的声音，开心得直挥手。遥控器上有许多小按键，是转换空调模式，他摁到了，听到了"嘀"，可是找不到对应的变化（根据他玩消毒柜的经验，"嘀"一声过后，某样东西会启动或停止，总之有变化），他一脸困惑，"嘀嘀"地按，在房间里找来找去，还是找不着。我哈哈大笑，要发现这个动作对应的变化，还真不是一件容易的事。

一个脑科学研究者说，不要觉得小孩蠢，小孩的思考模式其实和科学家很相似，就是不停地尝试，发现一些偶然的关联，然后大脑会提出一个假设，再然后不断验证，最后得出结论，找出事物之间的规律——尤其是因果关系。

人类知识的发现，的确和小孩的发现过程很相似。

有的关联很直接很容易发现：天下雨之后，草木就会长得更旺盛些。（摸到按钮，就会"嘀"。）

有的规律会受到假说的干扰和误导：有几千年，人们都假设地球是银河系的中心，并深信不疑，甚至找到了很多证据。（门会转动，是不是因为门的正面和反面有什么特别的东西呢？）

有的谜团迄今为止也解不开：人为什么会做梦呢？做梦对大脑的意义是什么呢？（为什么"嘀"了之后，我没看到变化呢？）

2 有人强调说，玩耍和游戏对小孩来说很重要，有助于小孩的智商发育，不要轻易剥夺。

我觉得这种说法太功利了些，玩耍根本不是促进智商的事，玩耍是小孩（尤其是很小的小孩）了解和学习这个世界的唯一主动途径，玩耍就是他们存活的意义。

发现、认知、学习是极其快乐的事，为什么小孩特别容易快乐？因为他们全身心地在发现这个世界，在吸收周围的一切。

学习是生命的天性，是生命的内动力，是和寻找食物一样强烈的本能。当一个小孩发现一个小小的规律时，或者自己尝试完成一个小小的动作时，他们是无比喜悦的，他们会笑，也会想要分享。在这个过程中，无论重复多少次，花费多少精力，也阻挡不了他们好奇的尝试。

这样累吗？辛苦吗？——他们完全没有"累"和"辛苦"的概念，在天生的学习动力没有遭到污染之前，要拦住小孩不学习才难。

3 可是，为什么上学之后，小孩越来越不开心，也越来越讨厌学习了？

因为学习的定义变窄了。只有课本和老师教的，才算正宗的学习，其他的就是不务正业。"捡了芝麻丢了西瓜"都不足以形容这种定义的浅薄，为了块陨石，让人放弃了整个银河系，怎么高兴得起来？！

也因为学习的回报变差了。发自天性的学习，回报是无与伦比的快乐和成就感；学校给的回报是啥？分数和名次表。有的父母奖励一个洋娃娃或是一辆玩具汽车，多枯燥多没想象力，大人成功地把一件特别有意思的事情，贬低成了庸俗的替代品。

还因为学习的方式变坏了。标准化的学校教育不是鼓励发现问题，而是直接给出答案，老师也不管人与人之间的天赋差异与个性差异，训练"猫吃胡萝卜""兔子抓鱼""河马摘香蕉"，也是常有的事。

4 我也曾是所谓的学霸,但我自己的经历是:高考过后,我把成堆的数学参考书全扔了,多看一分钟都要吐。这么多年的教育,成功地把我教成了一个极其厌恶数学的人。

我的数学成绩并不差,高考考了127分(总分150分),但这是我被迫做了几千道习题的结果,我被迫在数学上花了其他三门科目加起来所花的时间。现在回想起来,那些背过的数学定理,做过的数学习题,似乎在高考完的那一刻就全部忘记了,在我的潜意识里,我再也不要想起这些痛苦的回忆。

一直到大学毕业以后,我看哲学书,看到古希腊哲学家许多都是学数学的,看到毕达哥拉斯如何发现勾股定理,才忽然意识到数学之美。由于我的能力所限,我无法完全地洞悉那些定理,但我大约能窥见这些公式的壮美以及发现这些公式的了不起。数学也是一门很优美的学科。可是这么多年来,它在我的印象中都是面目扭曲的。我一直对它抱有恐惧心理。

我记得,高考后的那个暑假,我过得畅快淋漓,我学游泳,我读诗集,我写小说——这些都是"学习"之外的事。可是,那两个月却是我很长时间以来,第一次感觉到自己像一棵复活的植物,在重新吸收取之不竭的能量,充满了活力——这,不正是学习的状态吗?不正是小孩天生就有的乐此不疲的专注吗?而之前的"学习",只是让我觉得生命暗淡，日月无光。

学习，如果只和痛苦的经验挂钩，却和快乐的经验背道而驰，怎能持久？

5 学习，如果成了换取某种东西（如分数、文凭）的工具，就从我们的天性里分离了出来，不再是我们的本能，而成了我们的任务和负担。一旦没有外在压力，我们就巴不得赶紧丢开这负担，以为终于轻松了，然后，悲哀的事就发生了：当没有外在压力，又失去了学习的本能和欲望，结果就是找不到热情，找不到目标，只剩下空虚和无聊了。

所以，把某种本能的欲望扼杀掉的最好方法，就是剥夺这种内在的自由，把它变成强制性的外在任务。"我的"不再是"我的"，而是"别人的"，"我的事"也不是"我的事"，而成了"为别人做的事"。再好的东西，这么一转换，都会变味甚至让人反胃。

上大学以后，我就陷入了许多中国大学生常有的迷茫和无聊，因为之前"头悬梁锥刺股"的"好学"是被逼出来的，是不得不完成的高考任务；这任务一旦达成，这样的"好学"就没有存在的必要了。所以，大学里，很多人都是在补偿以前的变态学习带来的缺失：通宵看影视剧、逃课、谈恋爱，无所事事，根本不知道自己想做什么。

如果一种教育的结果就是让人厌恶学习，这真的是最失败的教育了。

6 我感到我学习的天性再次苏醒，是到了工作以后。我对自己感兴趣起来：我为什么会是现在这个样子？我的性格是怎么形成的？我在恋爱中的情绪为什么特别不稳定？我受到的束缚来自什么？为什么不同人的生存状态那么不一样？人可以完全脱离社会吗？社会对我们的影响是什么？我怎么样才能既赚到钱又同时做喜欢的事？我的恐惧来源是什么？……

工作以后，我似乎体验到了真正的生活。以前的"学习"和"教育"，从来不会告诉我去关心和观察人的生活状态，也不允许我进行自己的思考——想得太多，离标准答案就太远了。我感觉以前的我，是被封闭在一条塑料水管里，我感觉我已经浪费了太多的时间。

如今我饥渴地阅读，遇到了许多有趣和志同道合的人，他们又引发了我更多的思考和问题，这个过程简直是太！美！妙！了！我以前的同学说："以前都没发现你这么爱看书啊。"是啊，人是会变的啊。我只是变回了那个好奇的小孩。当我专注于想要搞明白一个问题的时候，什么辛苦，什么抑郁，什么烦躁，通通消失了。没有人要我这么做，我就是想要这样做，谁拦我我跟谁急——这和我家九个月大的小朋友一模一样呢。

7 和小朋友一起玩的时候，我愈加相信：学习本来就是人的自然属性，如果有人不爱学习，那是他/她的天性被后天损坏了。

每个婴儿诞生下来，都天生地想要了解这个世界，想要了解自己和世界的关系，都渴望学习如何更好地在这里生活。

大人并不需要想方设法去鼓励孩子"学习"，保护好这份天性，不做额外的污染，就是最大的支持了。

关于家务

做一天的"家庭主妇",更像做一场实验,我想知道,如果一个人(不管是男人还是女人)真的完整地做了一天的育儿劳动和家务,会是怎样的状况、怎样的劳动强度。毕竟,有不少女人就是在日复一日地独自完成这些事务。在平时,我虽然只做其中的部分,甚至只是一小部分(主要是陪孩子玩),但并不代表,我不做的那些事,就凭空消失了,它们只是被其他人分担了。

我没有在菜市场的肉摊上挑肥拣瘦,是因为有人这样做了;我没有在厨房处理腥湿的活鱼,是因为有人这样做了;我没有为孩子准备每天不重样的辅食,是因为有人这样做了;我没有一天到晚给孩子换七八次尿片,是因为有人这样做了;我没有洗那些油腻的成堆的碗碟,是因为有人这样做了。不管做这些事的人,是我的亲人,还是我雇佣的阿姨。

我没有做这些事,但我在直接地享受这些劳动带来的成果：精心搭配的三餐、整洁的房屋、干净的衣服，和一个健康活泼的孩子——而这些，与我的生活质量紧密相关，甚至是起决定性的作用，我还能说它们是琐碎的、不起眼的、低价值的吗？

当然，我也不可以站在"精英"和"男权"的评价标准上，擅自认为这样的劳动就是充满委屈的。有人就喜欢在各种时令蔬菜中挑选出最嫩的白菜花，喜欢尝试不同的菜肴烹饪方式，喜欢整天陪着孩子，哪怕给孩子换尿片时也哼着快乐的儿歌——这些乐趣，他们一点也不认为比我写了一篇文章，或拿到工作考核A，或开启一场社会变革，更少意义。

写了《追忆逝水年华》的普鲁斯特说："人们趋向于认为，一个妇女的家务劳动或一个沐浴在午后阳光中的破旧陶瓷没有多大的价值，但夏尔丹告诉我们，一只梨可以像女人一样富有活力，一个水壶可以像宝石一样美丽动人。"夏尔丹是18世纪法国的画家,他喜欢画传统画家不屑一顾的场景,比如简陋的厨房。夏尔丹有一幅画叫《病人的膳食》(这个标题就很奇怪),一位衣着朴素的妇人站在一间家具简单的屋子里,充满耐心地为一个在画面上看不到的"病人"剥鸡蛋。这有什么好画的?在眼里只有"大事"的人的判断中,这样的主题,和妇人之间讨论的家长里短一样,登不了大雅之堂,毫无意义——既没有经济价值,也没有学识价值。

这样的画面和主题,能勾起的,也许只是一个人极为深幽的情感关联及回忆(也许什么也没有)。我想起的,是我小学时,因为扁桃体发炎而发烧,外婆一次又一次领着我穿过菜市场的小巷,到一个昏暗的中医院打吊针的场景。因为从小到大和父母相处的时间就不多,尤其是他们离婚后,年少的我没有再经历正常的家庭生活,我都不知道父母是否有拿手的家常菜,也不记得在我生病时他们会提供特殊的照料——可这些又有什么重要的呢?这似乎并不妨碍我努力成为一个"学霸",也不妨碍我在成年后跌跌撞撞地接近我的理想。总之,所有的"大事",看起来都不会因此被耽误。

这也是"家务"的地位有时候会如此卑微的原因。一个家庭主妇,在厨房和尿片之间周旋,能影响的事情,看起来真的是很有限。在一个家庭里,父母或者是伴侣,不做任何家务,但只要找到了可替代的人做这些事,对家庭成员的可见影响,几乎可以忽略不计。唯一影响的,只是一个人隐秘的情感结构与生活习惯中极其细微的部分,这部分可能包括:饮食的口味,对家庭生活的喜爱或排斥程度,一些琐碎的只有在大脑断片时才会偶尔想起的日常回忆。

可是,"家务"的影响又远不止如此,尤其是其中的育儿劳动,让许多女人焦虑不安:辅食营养不够会不会影响孩子的身高?保姆的虐待会不会给孩子留下一生的阴影?把屎把尿方法不对会不会让孩子人格产生扭曲?甚至于,穿什么颜色的衣服会奠定孩子的审美基础?……这样的担忧常常让男人们觉得好笑甚至无聊,可是,认真地说,这些真的好笑且无聊吗?真的比关心世界足球和国际战争更好笑、更无聊?

斯蒂芬·金在一本传授写作技巧的书——《写作这回事》中,先花了大量篇幅说起他的童年往事,并提到了他四岁时的一个女保姆。这个叫尤拉的保姆会突然"一巴掌扇到我脑袋上,力道大得把我掀翻倒地",会"把我扔在沙发上,把她穿着羊毛裙子的屁股坐在我脸上,然后放屁",会"在喂我吃了七个鸡蛋后,把我关进衣柜,还锁上柜门"。我看到这些细节时真的很莫名其妙,不知道这个和他的写作技巧有什么关系。后来逐渐回味出,这是触动他心灵的重要事件,虽然他自己也说不清为什么,虽然他轻描淡写,但这个多年以前照顾过他的保姆已经留下了无法磨灭的痕迹和影响,以至于他在五十多岁的时候一定要把她写进一本完全和她无关的书里。

这又是家务的重要性的反转时刻：无论是谁做，家务不会凭空消失，终归是被人做了。那么，做家务的人的技能、性情与态度，毫无疑问地决定了一个家庭成员，尤其是一个孩子的生活质量。同样是一顿饭，既可以做得色香味俱全，也可以是一团黑暗料理；同样是带孩子，既可以带出有自由天性也有规矩的孩子，也可以带出精神佝偻的孩子。我们都巴不得有一个完美的"主妇"，能帮我们做到前者——我是女人，我也需要。如果我有这样一位"家庭主妇"帮忙，我的幸福值也会大大提升。

可是，真的回到现实中，即使我们有钱，我们也雇佣不到这么"完美"的主妇，家务中的某些部分，是无法彻底外包的——这其中有我们对家庭的理解和规划，有我们与家庭成员相处的方式，有表达我们情感的日常仪式。

家务和育儿劳动，最令人讨厌的就是它们的"不被见"——因为大多是重复性的工作，许多精力投进去，就被一个黑洞吸走了，可见的亮点很少。不像工作中的一个作品、一个项目，时间与结果之间的正比性很高，最后能获得众人的认可，还有经济利益。虽然我们常常说，"注重过程，莫注重结果"，可人的天性仍然是追求结果和"被看见"的，人的天性也是尊重和羡慕那些拥有许多"成果"和被大众"看见"的人。所以，日复一日的家务活动，实际上是"反人性"的——你付出了很多，能看见的实在很少，大众社会的认可度实在很低。

可是，也有一些时刻，可以让我们暂时扭转天性，心甘情愿地沉默付出——当我们心爱的孩子或爱人需要我们的时候。我们可以一天花两个小时给婴儿更换尿片，并努力细致地做到更换频率恰到好处；我们可以为爱人费尽心思准备一道复杂的菜，只为他/她幸福品尝的表情。这个时候，我们只要被一个人看见就够了，甚至只要被他/她接受就够了，不需要再多的认可。这样的劳动价值，只发生在"我"和"你"之间，而不是"我"和"你们"、"我"和"大家"之间。在这样的时刻，表演型人格根本不需要出场，因为我们已经满足了：不是为了被其他人看见才去做，甚至不是为了对方做，是因为这样做时，内心已经有温柔和爱意在流动。

这也是家庭这个场景游离于现代社会普遍标准之外的地方，它像最后一个堡垒，不完全奉行"高效率""高产出""结果导向""等价交换"的原则，它还在讲述着"无用""看不见""生活体验""情感依附"的价值和必要性。只是，要懂得和承认后者的价值和必要性，也需要一颗奢侈的敏感的心。现代女人希望男人承担更多家庭事务和育儿劳动，给出的诱惑条件之一是"男人也会因此享受到亲子时光和更丰富的生活方式"，可如果女人自己就不享受，就是丝毫都不认可家务的价值，这样的说辞就显得欠缺说服力了。男人也并非全部都是麻木和懒惰的——在我的家乡，父辈的男人们承担家务的比例并不低，在我们这一代，这样的比例就更大了。而是否愿意和擅长做家务，也不是完全由性别说了算，一个人的个性特点也与之关系甚大，比如思维偏抽象的人，无论男女，就对具体的实操性事务难以保持细致的耐心。

家务，同许多事物一样，既不需要被过度诗意化，也不需要被过度敌意化。家务，同许多工作一样，有收获成就感的时候，也有艰难讨厌的时候，它更像创业，很多时候是不被看见的独自劳作，凭借信念和热爱进行着：你相信它的意义和价值，哪怕不被人理解。不过，"创业"的比喻还是不准确，很多人"创业"还是为了"被看见"，而做家务，是心甘情愿"不被看见"。

所以，一个正常人很难凭借一点"爱意和温柔"就持续不断地做一个快乐的家庭主妇或家庭主夫，这违背了普通人性的规律。不问江湖的绝世高手去做"扫地僧"，之所以是"传奇"，就是因为他不是普通人，而更接近圣人。

对我来说，和孩子、爱人相处时需要付出的家务劳动，与我研究一个问题或写一篇文章需要付出的劳动，都是有价值和回报的，一种是私人的情感回报，一种是智识上的，以及社会认可上的回报，它们对我都很重要，我都不想放弃，我不想牺牲其中一样来成全另一样。所以，我终归是一个中庸的人，走了一条中庸之道。

在一个有幼儿的家庭，家务是呈几何倍数增长的。所幸，我没有像历史上的许多女人那样受困于家务。我清楚地知道，我现在阅读的每一本书，写下的每一行文字，都是有人在我的背后承担着那并没有消失的家务。这样的我，就是千年来许多男人的代表：既能兼顾个人爱好和个人成就，又能拥有一个正常运行的家庭。

家务不会把一个人折磨得疯狂的重要因素在于，他/她不是在被漠视的情况下独自承担。伴侣和家人的支持，在此就显得十分核心，所以，我们（尤其是对女人而言）选择一个愿意主动承担家务，或至少能理解家务的强度而愿意承担部分家务的伴侣，就具有十分现实的意义，这可以避免婚姻中的大多数争吵和矛盾。能不能就家务达成共识，也是家庭成员之间默契度与情感联结度的试金石。

孩子，
当你的依赖不再是我的甜蜜

1 亲爱的孩子，你对我的依赖没有变，我对你对我的依赖，却不知不觉发生了变化。

当你还不会翻身时，你每天早上醒来对我露出的笑容，让我如置天堂。

当你刚刚学会爬时，你执着地从床那边爬过来，只为挨在我身边，我开心地紧紧地搂住你。

当你还坐不稳时，第一次会张开胳膊向我索要"抱抱"，我飞奔过去，欣喜若狂。

当你学走路时，你每走一圈，就会返身过来，抱着我的大腿，小脸蛋贴过来，我像得到了天使之吻。

我曾那么享受你对我毫无保留的依赖和信任，沉醉其中。你的坦然与敞开，让我觉得自己是最重要的人；你的透明与纯粹，让我体验到了从未感受过的幸福。

2 可是,我没有想到,我也会有"厌倦"你的依赖的一天。

当我十分疲惫地回到家中,你兴奋地拉着我到处走,求我抱着你去攀援高处的物件时,我放下你,说:"让妈妈休息一会儿。"你立刻哭闹起来——这哭闹声在那一刻是如此聒噪,令我想要闭门而逃,逃到一个清静之地。然而我不得不再次抱起你,陪你去你想去的地方,身体里是强忍的劳累。

当我蹑手蹑脚地走进书房,想要"隐身"到我喜爱的精神世界中时,正在玩耍的你却眼尖地看见我的身影和意图,立刻"哇哇哇"跟过来,饶有兴趣地拨弄或敲打我手头上的一切东西:书、笔或电脑。如果我关上房门,你就拼命拍门,伴随着大喊大叫,我只好打开门,无奈地嚷:"谁帮我把这个小家伙带走!"

大多数时候,我不忍心拒绝你,看到你眼巴巴或泪汪汪的样子，我的很多需求都会神奇地隐退，包括尿意——明明想上厕所，听到你的喊声，立马跑到你身边看看发生了什么，折腾一阵，才想起还有上厕所这件事。

可是，也有些时候，我知道，我满足不了你的所有要求。我也有我的身心低潮，甚至我觉得，你得逐渐接受真实的生活就是这样：会有不如愿的时候，会有伤心的时候，会有不被宠爱的时候，会有歇斯底里也无可奈何的时候。

妈妈，也不是无时不在、全能的。

3

今天早上，我成功地收拾好背包去上班，在你没有留意我的离开之前就走出了家门，对这样的干净利落，我感到如释重负。因为没有听到你不舍的纠缠声，我就没有那么多对你因匆忙而潦草的应付，以及随之而来的浅浅的愧疚。

当类似这样的轻松越来越多时，我才惊觉，我不再以你的依赖为蜜糖了，它悄悄转化成了一种我想要逃匿的"负担"。

于是，在今天远离你的路途上，我想起了我曾经沉醉于你的依赖的日子，你那幼嫩的热切与期盼，一直没有变；变的，是我的心态与回应。

我想起，今天清晨我将你从小床上抱起来时，你开心地搂着我的脖子，双手快乐地在我的肩膀上打着节拍，我几乎听见了你发出了幸福的冒泡声。你对我的依恋与信任，是如此真切。

在这一天之中，没有比这更真切的东西了。我却急忙地逃离这样的真切，去另一个虚妄的地方，我忽然伤感又留恋起来。

4 你的爸爸问我："你工作以后，带孩子的时间也不是最多的，可孩子怎么还是最黏妈妈呢？他怎么知道妈妈就意味着最重要的人呢？"

我答不上来，但内心不是没有（或许是所有妈妈都有的）隐秘的骄傲感。

是啊。在所有人当中，你最黏妈妈。

和其他亲人，你可以愉快地玩耍，但唯独把身体的亲密和安静的依恋留给了我。你最喜欢抱着我，贴着我，在疯玩了一阵之后，你会来到我的身边，像一只小猫一样蹭蹭我，似乎我这里有什么让你安心的东西。

夜晚，你的爸爸挨着你的小床睡觉，第二天会向我抱怨，半夜每次你醒来睁开眼，如果看不见我，就要越过他的身体爬到我身边来才罢休，于是他不得不斜睡着贴近床尾，以保证你的视线里有我，这样你醒来后就可以继续入睡。

"明明也很喜欢我的，怎么关键时刻就只要你呢？"你的爸爸不解。

5 当我想起你的这一切时，我在路上，又无比怀念起你认真又执着的小脸蛋，忍不住要隔着空气亲你一口。

你全然地依赖我，没有一丁点儿错，这是一个一岁多的孩子最真实的渴望，最自然的天职。我不能满足你的全部需求，也没有错，毕竟我不仅仅是一个"母亲"，我还有我自己。以及，哪怕"我自己"全然地让位于"母亲"，大人与孩子之间也仍然存在着沟通与理解的差异和障碍。

爱可以弥补这样的差异和障碍，但无法完全消除两个个体的边界。只有当你还是一个胎儿、蜷缩在我的子宫中时，我们勉强可算作是一体的；可一旦剪断脐带，你就正式拥有了你的身体，你那属于自己的意志与灵魂也有了独立的居住之地。

6 可是，关于边界与独立，哪个母亲需要向子女强调呢？总是子女在教会母亲：不要再追随我，不要再试图教育和控制我。

当母亲还在烦恼孩子的需求太多、太吵时，转眼的工夫，恐怕孩子就已经进入叛逆期或青春期，在房门上挂上"闲人免入"的牌子，留下错愕的、孤独的、措手不及的母亲。很快，就变成了孩子教育母亲：你这样的想法太老套了、太落伍了，快放手吧。

是的，那个没有母亲就活不下去、拼命争取母亲关注的小宝宝，终有一天，会这样健康地向他的妈妈表达：我的世界，你不再那么重要。

7 到那个时候，我会失落吗？

说一点都没有，还是有些自大吧。无论如何，还是会怀念那个软萌萌的、张开双臂摇摇晃晃地向我走来的小孩吧。

可是，我也会高兴地看见生命的规律：你会成为一个成熟的男人，你会有你的秘密，你会从精神上走向独立；你的父母会从你幼年时的宇宙中心，逐渐远退为你背后的一个港湾，一个你偶尔会想起的心安的地方。这是所有生命的必经之路，当哺育者不再是子女的世界中心，下一代才可以自由地施展手脚，去开拓新的天地。一代又一代，就是这样过来的。

很多妈妈都在孩子长大以后说，后悔没有在孩子幼小的时候多满足他们、多抱他们。我会拿这样的后悔来警醒自己，可我也知道，事后的回忆常常有失真的地方：时过境迁之后，我们会忘记当时身体的极限与现实的窘境。如果重来一遍，我们也没有办法对孩子所有的需求说："噢，亲爱的，好的。"我们总是会有说"不行""不可以""我做不到"的时候。

8 我爱你，可是我也没有每时每刻都以你为中心。

或许，任何一种爱，都做不到这一点。或许，任何一种爱，都不需要做到这一点。这一点，如果真的实现了，也就又离窒息不远了。

两个生命,无法也无须做到完全的共生。这是生命从母体诞生的那一瞬间又实现分离的题中之意。

9 此时此刻,我如此想念你的小手在我的脖子上的温度,以及,你一看见我就开心得冒泡的表情。

我明白,这样的想念,不是因为我脆弱,也不是因为我愧疚。而是因为,它们和一首可爱的小诗、一片脉脉的月光、一朵白色的流云一样,是我的生活中充满了诗意的、珍贵而短暂的事物。

是的,你的幼儿时光,你对我天真而坦然的依恋,会很短暂。虽然短暂,但却真实又确切——从不虚渺,从不如烟,是一颗颗光洁而坚固的琥珀,在我的日常生活中,看得见,握得住。

尽管我不是总有十足的体力与耐心来对待你的依恋,尽管生活的混乱与粗糙会让我偶尔拒绝你的需求,可我知道,这样幼嫩的天然的亲昵,会很快过去,成为我独一无二的回忆。

我知道,我仍然会偶尔疲倦,会偶尔生气,可眼前的这一切,终将过去:你天真又透明的情感,你带来的确切又细碎的诗意,连同我这个"好妈妈"间隔中的"不完美",构成了我们之间不会重来的母子时光。

生第二个孩子的决定

1 怀孕是意外的。

但身体端倪已显：嗜睡，胸闷，呼吸不顺畅时像鱼搁浅在岸边——和上次的反应一样。

虽然不敢相信，可直觉已经在黑暗的潜意识中闪烁。

于是买了早孕试纸，在等待结果的时候，头脑是完全空白的，因为还没有想好要怎么办。

结果显示后，竟然不意外。在那一瞬间，原本空白的大脑又迅速有了倾向：我要这个孩子。

2 我再一次惊讶，我对自己的了解是这样少。

就在这短短几分钟，我的情绪和意识像洋葱一样，一层又一层出现。

最开始我心里的声音说：天啊，真的怀孕了！很快我就发现这个声音的装腔作势，我并没有那么意外，我是做好了迎接这个"意外"的准备的。接着，许多现实的顾虑排山倒海地涌来，令我想要否认眼前这个事实，可马上我又意识到，我的所有忧虑，都不如一种坚定平和的心情来得更核心，它是对一个新生命的欣赏和欢迎。

佛家说：一念三千。

谁知道，在一瞬间，我们的念头已经转了多少个弯。电光火石，我们捕捉不住它们的痕迹。

而诚实地面对它们，更难。

3 我没有想到，第一个孩子不仅没有让我对生育这件事感到委屈和灰心，反倒令我积累了对生命的眷恋和赞赏。

尽管我会向先生偶尔抱怨，孩子让我少了许多时间和自由：没有周末电影，无法在晚上和朋友好好聚餐，不能外出旅游。但是，在这些表面的"局限"之外，是发生在我身上更深刻的体验和变化：我对生命的热情也是在这个过程中逐渐显露出来的。

以前的我，觉得活着是多么可怕的一件事啊。

20岁的我悲观，相信"天地不仁，以万物为刍狗"。

30岁的我却有了悲观后的乐观，相信外婆说的："一片叶子自有一滴露水养。"

20岁的我，常常害怕与担忧。

30岁的我，却对生命有了天然的信心。

4 自从第一次在B超室听到过胎儿"怦怦怦"的心跳声，感受到那执着的、原始的、毫无畏惧的原动力，我就知道，不是"我"在孕育一个生命，是一种大于"我"的力量和规则在孕育生命。我，也是其中的一部分，是那不由分说的生命力的一部分。

对这样高于一切的生命力，一切语言与辩论都是苍白的。生命的残酷与慈悲、凋零与新生，超越了人为的善恶的判断，不因个体的悲欢而改变。

在我怀孕的时候，我感到了我与自然的古老联结。我并不妄自菲薄，不过，我真的觉得，怀孕的我，和一株结了种子的植物，一只怀胎的母鹿，并没有什么本质的不同。

我臣服于这种力量。我知道人类的伟大，也知道人类的渺小。

5 如果不是经历了怀孕和生子的过程，如果不是亲眼在屏幕上看见胎儿在我身体里的欢腾，如果不曾见证"它"是如何诞生成为一个婴儿以及这个婴儿是如何奇迹般地自我学习与更新，对现在这个腹中的胎儿，我或许不会有这么明确的情感和捍卫，我或许会选择处理掉这个"意外"——毕竟，在我们的国境中，我们是如此擅长于处理这种"意外"，这具有强大的合法性,甚至是正义性。

我们习惯了用麻木甚至是调侃,来掩饰这些"处理"带来的创伤。

所以,当我询问我的医生:"我这次怀孕有些风险,我能把他/她留下来吗?"医生回答:"为什么不可以要?生命来了就是缘分,没有一件事情是没有任何风险的。"我感激她没有以小概率的风险来否认这个新生命的价值。她和我一样看重他/她,这令我感到温暖。

做妇产科医生的中学同学告诉我,现在医患关系十分紧张,医生通常不愿意与病人共同面对风险(因为太多病人也不能客观认识风险,只是一味迁怒于医生),而倾向于简单直接地处理掉"风险",这样少了很多麻烦。

6 可是，我要100%的安全做什么？总有比"安全"更珍贵的东西，我愿意承担可承受的风险和可能的麻烦。

这并非对自己不负责。我明白自己在做什么，也了解了足够的信息。我不是被任性的情感驱使着，我有强烈的情感，但我也调动了冷静的理性来支持我的情感。

我告诉了丈夫我的想法，以及医生的诊断，他还是不放心。半夜两点醒来，我看见他仍然在电脑上搜查国外的论文和数据。

第二天早上，他告诉我："能找到的论文和样本数据我都看了，我心里有底了。所以……我们决定好了，欢迎他/她的到来？"

"好的。"我说。

生活的碎片：小儿生病

1 怀孕33周。

这一次怀孕比上一次要吃力，上一次几乎是"身轻如燕"地度过了整个孕期，如今却不得不偶尔用手扶腰走路，系鞋带也要喘几口气。

睡觉时感受到频繁的胎动，再加上身体沉重无法自由翻身，半夜醒来是常有的事。醒来后就没有睡意了，下床走到客厅倒一杯水喝，安静地坐一会儿。

没有什么必须要做的事，没有什么必须要想的心事，只是不动，在这斗室之间。又像同时悬浮在无限的宇宙之中，不知道时间的移动。

我喜欢这样空白的断裂。等到回过神来，有轻微的倦意，就再回去睡觉。

2 一岁半的小儿突然生病,发烧,哭闹,拒食,只要父母陪。

为人父母的我们,请假,放下手机和平常的娱乐,一心一意只陪伴他、照顾他。

去了一趟家附近的三甲医院,说是上呼吸道感染,开了药回家。喂药已经是个费劲的事,怎么喂都会吐出来,于是用专门的喂药吸管把药水吸进去,再沿着他的嘴角强制灌下去。

不吃任何东西更让人心焦。平常小儿最喜欢喝的牛奶,一次次冲好,一次次被他发脾气扔掉。只要喂他吃的,他就大哭,想方设法做了各种他可能喜欢吃的食物,都被他无情拒绝,还伴随着鼻涕、眼泪搅和的大闹。

我们的耐心就要消耗殆尽。

可他似乎很痛苦，有时候用手用力敲打脑袋，有时候哭得撕心裂肺，我们只好顺从他的意愿，希望他好受一些。我们几乎一直抱着他，他用手指哪儿就去哪儿。其实他也是完全的烦躁，不知如何表达，一通乱指。

于是可以看到在凌晨一点，在我们小区的电梯口，一个男人抱着一个拖着鼻涕的孩子，重复玩着一个开关电梯门的游戏："哗，芝麻开门！""Biu，芝麻关门！"还有一个大腹便便的孕妇，跟在后面。

凌晨两点多，我们回到家中，孩子赖着我，我坐在沙发上，让他依在我的臂弯里，我们一起看《小猪佩奇》，我看得咯咯笑，孩子倒是眼帘沉沉，终于安静下来，要睡着了。先生支撑着我抱孩子的手臂，我则顺势靠在他的肩上。窗外，是如海的沉默的黑夜。

3 怀孕之后，我很久没有让小儿贴在我身边睡觉了，他睡小床，而小床靠在他爸爸的那一边。

这一天夜里，我把他放在我的身边，轻轻握住他的小手，他睡得不安稳，时不时哼哼，偶尔睁开眼，看见我，很是满足地舒展一下身体，嘴角带着一丝调皮的微笑，继续入睡，仿佛我的存在可以缓解他的疼痛。我有些愧疚，决定无论如何劳累，也要陪在他身边。

4 吃了药没有好转，又去了一趟朋友推荐的私人儿科诊所，医生花了30多分钟仔细询问检查，才确诊，原来是疱疹性咽峡炎，也就是喉咙和口腔长了疱疹，喝水都会特别痛。医生嘱咐我们不要喂热的水或奶，用凉水会好些。

知道这个信息，我立刻有些心疼，我想起我拿着食物一次次送到他嘴边，还责怪他不听话、不肯配合。原来他只是痛得无法下咽。他不会说话，只能用哭和抗拒来表达。我抱住他，对他说："妈妈知道了，你喉咙痛，你想吃什么就吃什么，不想吃就不吃。"

小孩果然知道什么是对自己最好的，可惜大人却不愿意相信，我也会不知不觉犯这样的错误，无意中逼迫了他。

5 除了细心照料、等待他自愈，没有更快的办法。这个过程大约要一个星期。

这几天里，半夜我和先生必定要醒来两次，带着疼痛大哭的他在各个房间之间游荡，转移他的注意力，直到他累了再睡去，每次这一哄，就是一两个小时。

这算是有小孩以来，我们两个感觉最辛苦的几天了——说这句话，也可能算是一种幸运，因为在这之前，小孩都还算好带，几乎没有如此折腾过。

白天，我顶着硕大的黑眼圈。一个95后的年轻朋友问起，我说这几天晚上都要照顾生病的小儿。"很累。"我实事求是地说。

"唔……我小时候生个病，爹妈也是睡不好。"他说。

"你还记得这么清楚。"我说。

"是啊，他们用小勺子给我喂小柴胡口服液。那玩意儿太难喝了。此生难忘。"

我脑补了一下，小儿长大以后，应该是记不得这几天的事了，毕竟太小了。

也许再过一段时间，我们自己也会忘记了。有时候我问我妈："我一两岁时生病吗？"我妈也是一脸记不起的模样。

太遥远的事，大约记不得反而是好的。如果不是特别痛苦或危险，谁还记得呢？

日子如水，生病的事，也就这样**翻篇**了。

感受国人对生男孩的"迷之执念"

中国人在生育上对男孩的特殊偏爱,以及在人为性别选择中对女婴的残酷淘汰,从来不是什么秘密,我们生活在这样的文化中,都听过或见过类似的案例。

然而,文化习俗可怕的地方还在于,即使我们似乎早已脱离了它们当初产生的环境与土壤,它们依然阴魂不散,环绕在我们四周,如同讨厌的雾霾,挥之不去,令人窒息。

一个在大城市工作生活、受过良好教育、爱好英剧《黑镜》的女性,也会在怀孕后突然发现自己生活在一个割裂的二次元世界中,就好像本来做"薇薇安"做得好好的她,突然被拉回了"翠花"的时代。

我以前一直以为,对儿子的执念太可笑了,是农村裹小脚思维的人才会有的愚昧偏见,它是我明确的对立面。然而在我作为一个孕妇面对周边人对我的反应和"关切"时,我渐渐发觉,原来我一直生活在"它"的包围之中,"我"和"它"的边界并没有那么明确，甚至会有一种荒谬的悲哀：在一种奇异怪诞的文化里长久了，你会恍惚，究竟哪一部分是"他们"，哪一部分是"我自己"？

我遇到的许多人，看起来都很正常、很现代、很友善，与"愚昧""可笑""乡土"丝毫不挂钩，他们受过高等教育，有体面的职业，每年去国外旅游，购买最潮的品牌，可是，也是他们，是这样"关心"我的：

师兄A在知道我怀孕之后，对我说："恭喜啊，祝你生个大胖小子，等你好消息。"——为什么非要祝我生个"大胖小子"？

同事B说："我们部门的风水好，生的都是男娃，你估计也是男孩。"——为什么生男孩就是"风水好"？

还有一次搭顺风车，车主是一对中年夫妻，住在我小区附近的一栋高端楼盘，他们饶有兴趣地猜测我的肚子里孩子的性别，男主人问了我的年龄与怀孕月份，掐指一算，十分肯定地说："这是个男孩。"女主人说："你猜得准不准哟，不要让人家空欢喜一场。"最后我下车时，他们还惦记着保存我的手机号码，说，"如果是男孩，记得给我们报喜，请我们喝酒啊！"——为什么生男孩就是"喜大普奔"的事？

最让我无语的是，在我生下孩子以后，我的父母得知是男孩，都高兴地对我先生说："是男孩就最好了。"——我可是他们的独生女儿呀，我活了这么多年，莫非他们对我的性别也有遗憾？还是他们担心我的婆家会有什么想法，所以"男孩最好"？

我简直有时空错乱之感，被一个远古又腐朽的阴魂笼罩着。

那个阴魂并不是有被迫害妄想症的人凭空想象出来的。有一次去好朋友家看望新生儿，孩子的爷爷奶奶送我们出门，略带惋惜地说："你们真好呀，可惜我们家是个女娃……"

我不信，一个女人在这样的文化中，会没有隐性的（即使不是堂而皇之的）"被压迫感"，至少，会感到一种并不友好的期待，一种对自身性别的轻视——啊，女孩也很好啊……不过……男孩就更好了啊。

在我怀了二胎以后，周边人的"关切"变成了这样："已经有一个儿子了，这次无论是男孩还是女孩，都是皆大欢喜嘛。"在某些瞬间，我几乎庆幸我前面生的是儿子，这样我就可以排除"二胎拼儿子"的嫌疑——也就是在那些瞬间，我又惊觉，我这样想，和"他们"有什么区别？我竟然也会因为生了儿子而松了一口气！太可怕了。

另一种奇怪的论调则是这样的："如果第二个还是儿子，你的压力大了哟。"我心里有一万个问号飘过：为什么？为什么？为什么？为什么我会区别对待儿子和女儿呢？

我知道，很多女性都在内心默默抵抗这样的"他们"。我们无法对这样的文化公然翻脸，那种感觉，就像你对着雾霾挥拳舞剑一样，根本触击不到真正的敌人，只能暗暗较劲。我的一个朋友，在生了女儿之后，即使对二胎的性别十分好奇，即使有熟人帮忙做性别鉴定，也拒绝去做。甚至，她私底下和我说，哪怕在夜深人静时只对着自己，她也从不敢在心里推测孩子的性别（其实孕妇通常会有某种直觉），她担心，无论是怎样的推测，都可能会被肚子里的孩子感应到，她不希望那个孩子感受到母亲对性别的任何倾向，这是她在这个并不友好的世界里，能做到的给孩子的第一份保护。事实上，我也曾经这样。在我上次怀孕时，我直觉是个小男孩，但我很快就压抑了这份直觉，万一她是小女孩呢，我这样的直觉是不是对"她"的伤害呢？我不允许自己这样想。我的另一个女性读者则说，当年她妈妈有机会生第二个孩子，但她妈妈打掉了，因为她妈妈担心如果生下的是男孩，家庭资源就会完全倾斜于那个男孩，而她妈妈很要强，不能容忍她的女儿受到这样的遭遇。

孕妇这样出自母爱的较劲，其实也充满了别扭，并不自然，甚至其中有"矫枉过正"的味道。可是，如果她们本来没有生活在如此扭曲的性别文化中，她们又何须如此？在一个

"枉"得畸形的环境中,又如何长得不偏不倚?

自从两年前怀孕做了母亲以后,我的性情已经宽厚了许多,对许多现象,较之以前,更包容,不会那么轻易被激怒。可是,对于我们生活的这个世界的某些部分,对于空气里飘浮的某种奇怪的味道,我始终适应不了。有时候带孩子在大自然中散步,我会愈加对比出人类社会的巨大缺陷:被短视、谄媚、恐惧控制着,共同打造了一个类似《皇帝的新装》里那个可笑荒唐的王国,把一个五岁小孩都看得明白的不对劲的现象,包装成一个众口铄金的"真理"。

这样的发现,让我不仅有难过,也有珍视,它提醒着我,"自省"这种精神的可贵。只要我能感受到"自省"的存在,我就可以相信,短视、谄媚、恐惧不可能完全磨灭"自省"。尽管某些习俗存在了几千年,它的本质也只是个粗鄙的光着身子的小丑——它漫长的寿命,不代表它的任何合理性,只代表"反催眠"的小孩还不够多。

基于对这种"自省"精神的相信,我憧憬着,有一天,我们的孩子会发现,他们的祖先曾经生活在一种特别可笑可怜的习俗里,而这样的习俗,距离他们,已经十分遥远而陌生了。

高塔上孩子的哭声

前天,我做了一个梦:我在商场买东西,猛地记起我还有一个女儿独自在家,而我已经出来一个多小时了,我十分焦虑,匆匆忙忙往家里走。走到小区门口时,忽然整个人虚脱掉,平常一个极浅的小坡我也走不上去,精神也恍惚起来,我摇摇欲坠。这时候我看见丈夫和他的一个同事迎面走过来,我赶紧对他说,小汤圆(女儿的小名)在家里,快上去看看。我们的家变成了一个高高的塔,要爬一架木梯才能上去,而我们八个月大的女儿就在塔顶的房间里。丈夫立刻爬梯子上去了,我跟在后面艰难地爬着。在爬梯子的过程中,我一直隐隐听到婴儿的哭声,我很着急地说:是小汤圆在哭,是小汤圆在哭。但我又怀疑是幻听。等到丈夫打开门,我们都很庆幸,并没有孩子哭。可紧接着,我听到了一个巨大的号哭声,我知道只有我自己听得到,那声音太大了,刺穿我的神经。我醒了。

醒来之后,我在黑暗中睁着眼睛,无法再入睡。这个梦让我想到了很多。梦总是这样真切地提醒我们最重要的东西。

我知道,最近我太累了。这几个月,我和育儿嫂一起合作带两个娃,我主要带老大,育儿嫂主要带妹妹。对这样的分工我也很无奈:老大两岁多一点,十分黏我;两个孩子都很小,无法玩在一起,而且各自对大人的需求量都极大,必须要有专人照看。因为我无法像陪伴儿子那样多地陪伴女儿,我内心是很愧疚的。在家时,儿子几乎要我寸步不离地陪他玩,我能理解他对母爱的确认,会尽量满足他,同时叮嘱育儿嫂也要尽量回应女儿。很多时候我和女儿在不同的房间,我照看儿子时,会尖着耳朵听,生怕女儿哭了,或想要找妈妈了。这半年多来的习惯,让我对婴儿的啼哭声十分敏感,无论在哪里都能捕捉到细微的婴儿哭声。好几次我在洗澡时,听到孩子的哭声,关掉淋浴喷头的水流,发现并没有哭声,我才意识到,我出现了心理上的幻听——我处于一种极其紧张的状态。

有时候,儿子睡着了或他爸爸带他外出,我就抓紧时间陪伴女儿,我必须打起精神,给她一个充满爱的妈妈。我这样连轴转,回应着两个孩子对妈妈的巨大的需求,很少有停下来的时候。所以身体的疲倦是很真切的,对两个孩子的时间分配不均带来的愧疚感,也是刻骨的。因此,在梦中,我就一直隐隐约约听见女儿的哭声。我担心,我没有满足她——一个小婴儿——对母亲的本能呼唤。

同时我也知道,这个梦也显露了我最近的精神危机。两个孩子,我可以给予的能量,的确捉襟见肘了。如果说第一个孩子治愈了我对"付出爱"的恐惧,并发掘了自己身体里蕴藏的爱的能量,那么第二个孩子则让我知道,原来这样的能量并不是无限的。这个发现让我感到人世间的残酷,又把我那个逐渐远走的极其悲观的魂魄勾回来了。有几次,儿子生病要我紧紧抱着他,谁都抱不走,而女儿又在号啕大哭等我喂奶,我终于泪流不止。我觉得我对不起他们两个,在他们最需要我的时候,我只能无情地拒绝了这一个或者那一个,让他们眼睁睁看着母亲"抛下"他/她。是的,这违背了我对"爱"的行为宗旨。我认为爱首先要做到，在他/她最需要我的时候，绝不转身离去。

我喜欢梭罗的这句话："我们心灵中最美好的品格，好比果实上的粉霜一样，是只能轻手轻脚，才得以保全的。然而，人与人之间就是没能如此温柔地相处。"我知道，这太理想主义，这太难做到，可我无法说服自己，做不到是对的。我们不得不接受遗憾，可是，遗憾本身并不是好的。我不能欺骗自己。

这两个来到世间不久的孩子，心灵是如此娇嫩纯净，我作为这个阶段对他们意义重大的人，在他们的哭声中，有时候也只能是眼睁睁地看着，那层"果实上的粉霜"正在颤抖着掉落，我心痛不已。

我成了这个"不仁"的世界中的一部分，我感到十分悲哀。无论我多么有意愿，多么努力，也无法做到像一颗太阳那样，永远源源不断地输送出温暖和能量。我眼见我的能量不断枯竭，甚至开始转化成愧疚、伤痛、阴郁这样的黑洞。再想到孩子在未来漫长的岁月中将要遭遇的林林总总，我不得不承认这个事实是比较接近真相的：人的诞生，就是脱离了"圆满的理想世界"的开始，人将在贯穿终生的遗憾与苦痛中，追求着完美的影子。

连对他们怀有最真挚的爱的母亲,都会常常无情地拒绝他们,何况这个旷野般的无序世界呢?难怪每一个成年人都戴着沉重的外壳,艰难粗糙地生存着,扮演着不同的角色,追逐名利带来的安全感,悄悄地渴望着全然的爱。

梦中那巨大的号哭声,震醒了我,在我脑中经久不散。我知道,那不只是某一个婴儿的哭喊声,那也是我内心的哭喊声,是所有存在过、存在着的人类,共同发出来的哭喊声——对爱的渴求和呼唤,对得不到爱的深切恐惧。

可是人在世间偏偏找不到他们渴望的完美的爱,所以这哭声是如此决绝。当然,人并不总是哭的,人很容易被娱乐,很容易被逗笑,就像孩子一样。可在某个时刻,他/她一定会听到内心的哭喊声,悲切深沉,和远古的某个祖先一模一样。

我会永远永远爱你

傍晚，我给老大洗澡。我轻轻地揉着他打湿的头发，混着儿童洗发液，揉出了一脑袋瓜的泡泡。他用一双只有孩子才有的纯净眼睛，安静地看着我。我对他微笑，他眼里也是嫩芽般的明亮笑意，他很喜欢妈妈这样安静地和他在一起的时刻。

这时候妹妹在客厅里哭起来，也许是闹睡了，也许是饿了；虽然有一个育儿嫂专职照顾妹妹，但每次妹妹哭，我都会放下手头的事去看一眼。

这一次，我没法离开，仍然专注地揉着老大的头发。老大对妹妹的哭声也很敏感，因为他知道，妹妹一哭，妈妈就可能会暂停对自己的陪伴，妈妈会对自己说："我们一起去哄一下妹妹好吗？"可他并不想去哄妹妹，他不想和妈妈在一起的时间被打扰。他只想依偎着妈妈，让妈妈温暖的怀抱和专注的眼神只停留在自己身上。

妹妹的哭声还没有停，他也在听着。有一些话，我决定在这个时候说给他听。

"微微，妈妈很爱很爱你。妈妈也很爱妹妹。"

我说得很认真，他也听得很认真。

我用水浇着他的头发，继续说："妹妹哭的时候，她可能是不舒服了，这个时候她也需要妈妈，所以妈妈会去抱她、安慰她。但妈妈会永远永远爱你，永远永远也不会变。"

他的小脸上好像涂上了一层光彩。他并没有说话，但看得出很高兴。

虽然我对他说过很多次"我爱你"，但这么完整地说"我会永远永远爱你"，好像还是第一次。也许是他到了能明白"永远"是什么意思的时候。

永远，就是不会因一时一地一事而改变，它是恒定持久的，是超越表象起伏和时空限制的信念。

对着孩子，总会不自觉地使用叠词，一个"永远"还不够，要两个"永远"才够。

洗完澡后，他很快地跑到妹妹身边，挑了一个玩具递给妹妹，和妹妹叽里呱啦说着话，又在房间里跑来跑去，浑身有力。

我有一点惊讶，但又并不意外，"我会永远永远爱你"有这么大的魔力。因为当我说出它的时候，我也感觉我的胸腔里充满了力量。

我当然笃定，我会永远永远爱他。我的爱，会贯穿我的生命，直到时间的尽头。可如果我不说出来，他不会那么清楚。而我说出来，无论他多么小，也能体会到一二。

我会永远永远爱你。很简单的一句话，却能点亮一个生命最深层次的活力。

在他们的成长过程中，我将会不断地对他们说：我会永远永远爱你。

知道自己被永远地爱着，就不会患得患失，就会勇往直前。我们每个人，不都是这样吗？

当我们"逃离"孩子的时候，
是谁还在对他们保持耐心？

作为一个手机不离身的现代人，我会遇见各种社交网络段子，比如关于育儿的吐槽："带娃半天，秒变后妈。""好妈妈的唯一秘诀就是'装'：装得很喜欢和孩子在一起。""小长假结束，妈妈们掩饰住内心的仰天大笑，飞奔到工作岗位，因为终于逃离娃的魔掌了。"

这些段子很机巧地搔到了大家内心的痒处，可以用来消解生活中的无奈和愧疚，所以很受欢迎。的确，想要逃离孩子、逃离育儿的烦琐劳务，常常是父母们的真实心情。

我记得以前上班时，周一在公司食堂吃早餐，当了妈妈的女同事们就会神采奕奕地相互交流："周末带小孩要累死了，上班就是来充电了。"还有一个家有两个孩子的女同事说："每天下班，我都要在车库深呼吸几次，才有勇气回家，因为面对两个小孩实在太累了。"

以前，男人大义凛然地逃离，把所有和孩子相关的工作留给女人，现在女人也可以逃离了，因为她们也有自己的职场和去处——这固然是很了不起的进步，因为男女都有选择了。不过孩子呢？当父母们都想要快点离开"孩子"这个"麻烦"时，是谁在按照他们的育儿理念照看孩子呢？

我们这一代自诩为"终身学习型父母"，个个摩拳擦掌，要按照"科学、民主、包容、有爱"的方式养育孩子，可就如我的一个朋友说的："我的空余时间大都用在了看育儿书和听育儿讲座上，真正和孩子朝夕相处的，还是我家的保姆。"

我自己呢，在有了孩子的很长一段时间里，也很精明地借鉴了职场上的"外包"策略，请老人和保姆帮我处理一切我认为低技术含量、我不愿意重复做的事（比如一天换N次尿片、做辅食喂辅食、洗澡穿衣，等等），我则拿出一天中精神最饱满的两个小时陪孩子做游戏、念书、互动，等等。所以我一直是个很温柔很好脾气的妈妈——因为我选择接触到的，是育儿中最精华最有意思的一面。

同时我也像个高屋建瓴的管理者一样，指导我的家人和保姆各种育儿理念，嘱咐他们"要对孩子这样做""不要对孩子那样说"，然后就转身投入到对自己"梦想"的全情追求中，心里激动得很：有了孩子以后，大块的专注的时间是多么宝贵啊！

我很清楚，我有意规避了育儿中最难啃的骨头：长时间的体力与心理的双重消耗、陪伴幼儿数千数万次重复的"无聊"探索、随时回应孩子琐碎而海量的需求以至于完全没有自己的时间。

我也知道我不是单独一个人，许多父母都和我差不多，因为我们手头有太多重要的事了。说得直白点，我们舍不得花很多时间在孩子身上，那会让我们焦虑恐慌，让我们感觉失去了很多大好的机会。特别是我们受了这么多年教育和专业训练，难道就是为了每天趴在地上给孩子捡沙发下的玩具、在路边陪他们坐他们感兴趣而我们觉得奇丑无比的摇摇车？想想都不值啊。这些事明明可以找人——那些不像我们这样能做高技术含量工作的人——替代我们做啊！

我对自己还是诚实的，我知道很多时候是我自己（而不是由于外力迫使）不想去做那些事，它们让我感受不到太多价值和意义（陪伴孩子当然有意义，但陪伴时间超过两个小时，这种意义就被稀释得几乎看不见了），那些事常常让我的心绪漂移到其他的事情上——比如刷手机，比如构思我接下来的写作计划。当然没有父母会对孩子说："因为我不想一天到晚和你待在一起，所以我很开心我可以去工作。"父母们会修饰一下，顺便安慰自己："爸爸妈妈有很重要的工作，所以不能陪你啦，爸爸妈妈在为了你努力打拼，变成更好的人！"

因为这份诚实，我还是会很留意观察，那些只能被父母带一两天的孩子，到底是谁在长时间陪伴他们呢？

首先当然是老人了。小区里推着婴儿车的、看着孩子的，十有六七是老人。而且说实话，我发现老人的陪伴更为投入。父母嘛，就是那些随时随地在看手机的人，只要孩子能单独做点什么事（坐摇摇车、玩沙子），就立刻掏出手机沉浸在自己的世界里，所以父母对孩子的呼应和需求，通常是没怎么留意，要么就是敷衍了事——从父母（尤其是父亲）的神态看起来，他们总是正沉浸在一件遥远的、他们认为"更重要"的事情上。

老人们倒是很有兴致地和孩子玩很"无聊"的游戏，比如围着滑梯转圈跑啦、不厌其烦地拨动摇铃上的小球啦、跟在孩子屁股后头看玩具车碾过的泥土痕迹啦……而且老人们的表情通常是笑眯眯的，看得出，眼前的一切就是他们所享受的，他们没有火急火燎要赶去做的事。

"隔代亲"是很好理解的，人老了，随着野心的隐退，也许就看清楚了许多"追求"的虚妄，于是回归了对日常细碎生活的珍视，尤其是重新发现了孩子身上的天使光环（在他们年轻做父母时，可没这么容易发现，总之一代又一代都是这样的）。他们的心更软，更容易看见孩子细微的需求，也更不忍心拒绝他们。很多人说老人溺爱孙辈，我倒觉得，也许一些教育观念和方式有待商榷，但老人对孩子的爱是毫无保留的、真挚的，是孩子感受这个世界温暖的重要来源。我经常看见，孩子们和带他们的老人，对着一只气球、一片糖纸、一个水印，哈哈大笑，或者在阳光下安静地打盹，完全不在乎时间的流走，这和中年人总是等着去做"更重要的事"、希望"短平快"地解决"孩子问题"的心态，还是很不一样的。

日本精神分析师河合隼雄说："老人与孩子有着不可思议的亲近性。孩子来自另一个世界，而老人马上就要去另一个世界了。两者都与另一个世界相近，在这一点上是相同的。在青年和壮年忙着这个世界上的事情时，老人和孩子被这种不可思议的亲近性连接在一起，互相庇护，彼此共鸣。"一个证据是，我们大多数人想起爷爷、奶奶、外公、外婆，都是很温暖亲近的，尽管这些老人的很多观点和做法，在父母看来，充满了缺陷，甚至是"愚昧"，然而孩子们似乎会完全忽略这些，只记住了满满的慈爱（当然孩子是很灵敏的，如果老人并不喜欢孩子，那孩子也会永远记得）。

除了老人，带娃主力就是保姆了。保姆们多是30岁至50岁的女性，高中以下学历。现在总有人说保姆工资高，过得比小白领还好，可是我也没见有小白领转行去做保姆的，可见保姆这个工作并不好做。尤其是住家保姆，几乎是出卖了所有的个人时间。很多保姆自己也有孩子，她们也是长时间离开家庭和孩子，出来工作挣一份钱。育儿嫂是保姆里的细分工种，主要职责是带孩子，很多中介机构都"培训"育儿嫂，工资也比一般保姆高很多。可姑且不说这些培训的含金量，就算是一个具备专业知识的育儿嫂，最大的隐患仍然是耐心问题：很多父母都会打骂亲生孩子，保姆或育儿嫂的耐心又如何保证呢？

有的家庭会安排一个老人在家"监督"保姆，有的家庭没有这样的条件，就只能纯"裸奔"了——纯粹凭保姆的良心，赌她不会粗暴对待或虐待孩子。我的一个朋友，夫妻双方都是朝八晚七在外工作，其间保姆一个人带半岁的孩子，他们从保姆平常的言行举止和孩子的状态来判断，"应该还是可靠的"。他们也没有在家安装视频监控，因为监控范围有限，而且保姆也会经常带娃外出，"还不如信任保姆，维持和保姆的良好关系"。后来陆续出了一些保姆虐童新闻，周围的同事也说，自家保姆的很多不当行为，都是在安装了监控以后发现的，我的朋友也开始动摇了。"究竟要不要安装视频呢？"他在我们的一个父母群里问。

我们这些父母就开始讨论：究竟什么算不当行为呢？事实上，当父母们决定离家工作，把孩子的一整个白天十二个小时都交给一个非亲非故的保姆时，就是在心里默认了一些不太离谱的"不当行为"的存在空间。比如带娃期间看手机、看电视，孩子哭了没有及时抱起来安慰，勺子掉在地上又捡起来再用，孩子调皮时用力拽孩子……因为父母们大致清楚，如果自己在家带一整天娃，也可能会这样啊；那种时时刻刻都温柔、专注、细致地对待孩子的画面，真的是真空的理想状态啊！

还有一个朋友抱怨，保姆总是不注意培养孩子的独立性，比如说喂饭，她多次强调，要让一岁多的孩子自己吃，哪怕撒得到处都是饭菜。一个当全职妈妈的闺密就说了："你对保姆的要求也太高了，你先试试，你能不能忍受几次孩子自主吃饭的恶魔时间？"她说我们这些把娃抛给别人带的妈妈，总是站着说话不腰痛，什么要呵护孩子的探索欲啊、自主性啊，"这些理念，我都觉得特别好，可轮到我一个人从早到晚带娃的时候，我就希望孩子能稍微消停点，不要闹幺蛾子。如果我不在家带孩子，我也可以要求别人这样做，可我现在就知道，让一岁多的孩子自己吃饭，是多么劳心费力的一件事！你们这种带一两天孩子就逃走的，根本不知道带孩子的常态是什么啊"！

我的那个朋友反省了一下，也接受了这个事实：教育幼儿，培养孩子的习惯和性格，是父母的首要责任，如果父母自己都觉得"麻烦",就不要指望其他人有这样的耐心。

保姆这个行业的准入门槛低,良莠不齐,人与人之间的差异很大,我在小区里观察过许多保姆带小孩的情况,整体看起来,大部分保姆是"例行公事",这就是她们的一份工作,能把看得见的地方——主要是些体力活(照顾孩子吃、穿、睡、溜达)做完,就很不错了。至于育儿工作中更隐形的更高附加值的付出,比如充沛的爱、循循引导的耐心、开阔的视野、滋养的心态,对于自身都挣扎在生活困境与矛盾中,甚至感受过许多社会歧视的保姆群体来说,真的是强人所难了。

在老人和保姆之外,孩子的最后一个去处就是幼托机构了。我自己就是两岁上父母单位的幼托,后来又换了一家公立幼儿园,直到五岁上学前班。在这三年的幼儿园时光中,我记得的事很少,但有个大致的感觉:老师们并不喜欢我,可能我是老师容易忽视的边缘孩子(比较害羞),也可能是老师的精力有限,印象中没有一个老师和我单独互动过(我甚至记不清那些老师),我只是完全顺从地参加各种集体活动,或者就是玩自己的。我也没有遭受过老师的打骂,记忆最深的一次,是睡午觉时,我特别想上厕所,但老师很生气地大喊:"谁也不许说话!谁不睡觉我让谁罚站!"我吓得不敢出声,结果拉在了裤子上。

如今大城市的幼托机构比我们小时候的硬件好很多了,宣扬的教育理念也是五花八门，但我最关注的，还是幼师们的状态，因为我仍旧记得小时候的感觉。孩子们不知道什么是"高大上"，只知道好玩不好玩（一个破落的建筑很可能是他们的超级乐园）。但孩子们最敏感的，是周围的人对他们的态度。从我的经历来说，我不认为幼托机构比家庭教育好。但很多家庭也没有人力带孩子，那么幼托就成了一个还算不错的选择，这至少可以解放父母。

我为孩子挑选幼托机构时，发现家附近针对三岁以下儿童的幼托机构并不多，唯一一家还不错的，早就没有名额了，这就是目前父母们的现状：你能挑选的余地很小，要么你自己带孩子，要么就别太挑剔。

后来我给孩子选了一家硬件一般，但师生比高，老师们看起来挺有耐心的早托。在这个过程中，我碰到了好几个孩子的妈妈。其中有一个一岁半的小女孩，刚进去的第一周，我每天都看她哭得撕心裂肺，我简直不忍心听，但她妈妈很淡定："没办法，我必须要去上班。"幸好一周以后，我看到这个小女孩越来越活泼快乐，她的表情轻松自然，说明适应得很好。但我也会想，如果孩子就是不适应呢？家长不会因此全职在家带娃。从这个角度看，也不会有"不适应"的孩子，因为孩子不得不适应。

前段时间"三色"幼儿园出丑闻时，有人感到匪夷所思：

没出事的其他班的家长仍然带着孩子照常去上这个幼儿园。有个孩子的奶奶说："现在风声这么紧，老师肯定不敢再怎么样了。"听起来有些荒唐，但其实所有家长都是和她冒着同样的风险：幼儿园不一定会善待你的孩子，而且概率上都是差不多的。在幼儿园资源如此紧张的现状之下，父母们怀着"不会轮到自家孩子"的侥幸，继续日常的工作和生活。

和其他工作比起来，偏低的收入根本无法吸引高素质的人才去做幼儿教育。有很多网友说，在他们家乡，只有那些不读高中、考不上大学的差生妹才会去读幼师中专，然后出来教孩子。与此相呼应的，则是整个社会对幼儿教育的滞后认知：没水平的老师才去教幼儿园，教育程度高的老师都去教大学了。我有个堂姐辞掉大学的行政工作，出来做幼师，遭到了家里长辈的一致奚落：放着大学生不教，和话都说不清的小娃娃混在一起，这不是自甘堕落吗？

我不知道我家孩子的老师是如何看待他们自己的工作的。一方面，家长们对他们客气，仰仗他们对自己的孩子好一点；另一方面，他们的经济地位和社会地位并不高，很少有人发自内心地认为：能够把一个小娃娃照顾好、教育好，是一件很了不起、很有技术含量、很有价值的工作。

我之前的想法不也显示了我的傲慢和轻视吗——"这些事明明可以找人替代我们做的啊——那些不像我们这样能做高技

术含量工作的人啊！"我也把育儿工作中的事务分为三六九等：带孩子去旅游见识世界、读绘本学英文，就是高级的；引导孩子如厕，给他们擦屁股换尿片，陪他们坐摇摇车，就是低级的、无聊的。可是，对孩子的陪伴与教育，怎么能进行如此势利的割裂？我这样的势利与割裂，是否也是这个时代精神的代表呢？我们的社会还没有进化到认可和尊重那些无形的高附加值的劳动价值，我们仍然信奉"时间就是金钱"，不要将其浪费在产出结果不突出的事务上。

随着我带孩子的时间越来越多，我意识到我的错误：育儿中许多重复性的工作，虽然不需要什么专业门槛，然而，也正是其琐碎与重复，因而对从事这项工作的人有极高的软性要求——耐心。这样的耐心，源自对幼儿的真心尊重和对幼儿心理规律的熟练掌握，而这些，实际上是很有技术含金量的，也是很有价值的。但这样的价值，不能很快很直接地显现出来：一个孩子的成长，一颗心灵的吸收与舒展，很难用"效率"来量化。

在一份需要爱和耐心的工作中，爱和耐心本来是最奢侈、最宝贵的，可也因为它们难以标价，反而会被我们这个时代注重明码标价的"鄙视链"所轻视。我们共同造就了这样的环境：我们并没有学会去尊重那些原本很有价值的劳动。有时候我们因此轻视他人，有时候我们因此轻视自己。

父母的心愿

1 在成为父母之后,我对"什么才是好的人生"有了另一个维度的理解。

在这之前,我几乎是本能地反抗"父母"这个群体对子女毫无新意的期望:拥有安全的、稳定的、符合主流舆论的家庭和职业。作为锐利的年轻人,我会残酷地指出这些中年人的衰退与无力:自我和个性的丧失,激情与冒险精神的死去,就像在既定轨道里凭惯性运行的一台老式机器……以此来回应他们对年轻人天马行空的想象力、脱离常规的行为的嘲弄、禁锢和绞杀。

在有了孩子之后,我开始认真地观察和倾听身边的父母们为孩子进行的选择:他们力所能及的好小区、好学校、好培训班、好老师。

有一天,一个男性朋友向我推荐他女儿上的幼儿园。

"那是一个华德福幼儿园,教育理念很好,老师们心态平和，孩子也开心。"

噢，我知道华德福，一个德国人在20世纪初创立的教育体系，却有着中国古代哲人老子的思想：返璞归真，天人合一，道法自然。

我很快又想到了卢安克，这个华德福教育理念的实践者和推广者，他与世俗潮流背道而驰的精神气质，似乎可以完美地为华德福代言。

卢安克说过一句很"华德福"的话："只因为我跟不上社会的竞争，只因为我已放弃比得上别人，我才能走自己的路，才有了过自己喜欢的那种生活的机会和自由。或者说，只因为我没有期待、没有什么必须达到的，所以我才可能做我所做的事情。"

我突发奇想，不知怎么就问了朋友一个问题："如果你的女儿长大，也像卢安克那样，跑到地球上一个你完全不知道的贫困角落去支教，你能接受吗？"

"啊？不会吧……我从来没想过这个可能。"他一愣，陷入了沉默。

我知道，一些家境殷实、思想开明的中产阶级父母对女儿的期望是：有一两门优雅的才艺，从事一份她喜欢的职业，至于是否结婚生子都无所谓。但这样一份开明，仍然是限制在一个他们能想象的"体面"之内。

父母们对教育的选择，由结果检验的话，也会撕开其隐藏的另一面。什么华德福、蒙台梭利、巴学园……如果结果是一个美国常青藤的精英毕业生，那就是皆大欢喜；如果结果是一个去非洲做义工的贫穷年轻人，那就成了父母羞于提及的心病。

2

在为女儿取名时，我和丈夫曾有一段讨论：是快乐重要，还是真相重要？

我要在女儿的名字里保留一个"真"字，而他则倾向于用类似"怡"这样代表快乐的字眼。

我说："略俗。"

他说："俗有俗的好。我倒希望女儿是个快乐的俗人，而不是一个痛苦的哲学家。"

我说："求真，是人的好奇心和创造力的来源，科学家在追求物质世界的真相，艺术家在描绘精神世界的真相，一个人出生在这个世界上，最高奖赏就是理解生命和世界的真相。这个过程会有痛苦，但也有高级的快乐。"

他说："那如果快乐和真相只能选一个，我还是希望她快乐。我希望她平平稳稳地度过这一生，而不是被一个至高无上的虚无的理念所折磨。"

我仍然坚持我的理由。但他的话也萦绕在我的脑中，事实上，那同时也是我的另一种想法。

我看着婴儿床上那张纯洁酣然的小脸，一股想要强烈呵护她的冲动在体内升起。是啊，我希望一切妖魔鬼怪都不要接近她，我希望她的眼里只看得见彩虹，在某种程度上，我希望她过幸福得几乎"单调"的一生（因为对"复杂"的认识往往意味着不平坦的经历）。

活在世间，关于真相的种种追问，是一边吃着小龙虾一边笑着绕过它们更好呢，还是像西西弗斯那样执拗地一次次面对它们更好？说实话，第一反应，我也希望我的子女是前一种。因为后一种是没有答案的，我也不知会引向何方，可能是天堂，也可能是地狱。

不想子女艰辛，不想子女冒险，是父母的本能心愿。

3 我几乎能理解父母们那副殷切的"安全第一"的"嘴脸"了。

很多文艺青年成为父母之后，就踏上了"购买学区房、上课外培训班、全力拼高考或申请国外学校"的漫长征途中，如果有小年轻说："太可怕了，将来我就不会变成这样庸俗焦躁的父母。"他们会眼皮也不抬地说："当年我也是这么说的。"

成为父母，一定是某个神秘的开关，让这些曾经誓死捍卫"精神自由与流浪"的年轻人，发现了世俗世界中稳定与从众的好处。这些父母并非我以前想的那样——庸俗、短视、法西斯，他们很多人仍然有着旺盛的精力，在奋力打理着他们重要的事业。只是，无论他们在口头上多么理想主义和浪漫化，他们都会非常诚实地为子女策划一条最安全的道路。

这难道是他们作为人，和作为父母的区别？对"什么才是好的人生"这个问题，父母们都把票投给了"安全""舒适"，而不是"发挥最大的潜力，有勇气和有创造力地活着"这样看起来"太辛苦"的探索与尝试。

在子女身上，很多看起来开明的父母，也会不自觉地套用"概率理论"，个案和小概率，是他们不愿意去冒的险。

琼瑶的母亲在强迫女儿复读考大学时就说过："写作，比考大学还难呢！你或者可以把写作投稿当成一种娱乐，如果你要把它当成事业，那条路未免太艰苦了！你看，每年有数以万计的中学生进入大学，每十年，都出不了一个作家！"

这样的说辞，估计让好多父母心有共鸣，同时也心酸：成为父母，就是在成为孩子眼里那个精于计算概率、患得患失、没有情趣的人吗？

即使这样，好多父母也会悲壮地说：我宁愿成为孩子讨厌的人，也不想他悔恨他的人生。

所以他们为孩子选择高概率的一切：升学率更高的学校，回报率更高的职业规划，看起来更稳定更主流的婚姻。

这样强迫症式的谨慎，的确和"关心则乱"有关，子女的幸福，就是他们这辈子最不可能去冒的险。他们宁可自己冒险，也不愿子女如此做。

人到中途，他们是深切明白了，在一个社会中做"少数人"的代价。哪怕子女倔强地说："这就是我想要的！"他们会在内心深深叹息：你根本不明白你想要的意味着什么。他们看到了危险和痛苦在前方潜伏，他们要想一切办法（强硬也好，利诱也好，温柔攻陷也好）阻止子女们踏上那几乎"万劫不复"的人生道路。

"试错再纠错？不，有些错误的代价太高了，是不能去试的。"可怜天下父母心，他们竟然想阻止一个人去自由地"挥霍"或"糟蹋"他的人生（而他们眼里的"挥霍"或"糟蹋"，就是这个人当时最想要的自由），这是多么费尽心思、如履薄冰的徒劳啊！

4 父母是天底下最功利的一个群体。

这是我和未婚女青年M聊天时，脱口而出的一句话。

M给我看一个12岁的名校女生写的文章：

"刚开学一个月，测试+作业，一共42张卷子……王小波认为，对于学习，中国人在乎实用而西方人在乎学习的乐趣。那么现在的学习状态，既不实用，也无乐趣。……我多么想早些长大，我又多么害怕，时间磨平了我的棱角，让我变得和所有大人一样，为了生计每天奔波劳碌。"

太熟悉的青春期的呐喊。这样的对大人的批判和厌恶，大约存在于每一个少年心中。

梦想是什么，意义是什么，好多大人不问这些问题了，因为他们发现，即使他们长大了，没有父母的约束，有了自我行动力以后，也仍然创造不出什么闪亮的人生，也想不出除了生计之外能让他们坚持到底的追求。大多数人要花一辈子的时间接受自己是个庸人这个现实。人的困境，一是没有自由，二是有了自由却不知道自己想要什么、能做什么。只会否定却没有方向的少年，就会长成自己讨厌的那种大人：生活的洪流是强大的，谁都会被卷入其中。

王小波，这个被许多人视为精神偶像的男人，按99%"父母"的期望，就是个失败者。死后成名就等于是失败者。父母是天底下最功利的一群人，他们只关心你过得好不好。而"好"，最简单的标准，就是看得见的——金钱和社会认可。依有些父母气急败坏的程度，一个儿子整天宅在家里，衣冠不整，邋里邋遢，不肯出去工作，写一些没什么人看的东西，一定会打断他的腿。

父母这个身份，让许多人的价值判断分裂了，他们也许能够欣赏那些文明先锋们的赤足尝试，但他们会竭力阻止子女们成为这样的人。安全第一，让思想中危险的大火去燃烧那些别人的子女吧。

岂止是王小波呢，所有特立独行的人，都在考验父母们脆弱的心脏，他们祈祷：自己的儿女千万不要变成这样。

5 成为父母之后，我对"究竟什么才是好的人生"有了更细致的审视，毕竟，我也开始在无形中影响孩子了，如果孩子问起我，我该怎么回答呢？

比起以前，我更能明白父母们为子女安排常规道路的合理性。的确，只有少数人有能力走那些偏僻的小径，而未成年人对此多是认知不足的。这不是"腐朽、保守"所能一言概之的。古今中外，即使是许多智者，也指出了"中庸之道"这种生活方式的高明之处。

《鲁滨孙漂流记》里就说："我父亲头脑聪明，他告诉我，中间阶层最能使人幸福，因为我们既不必像下层大众从事艰苦的体力劳动而生活无着，也不会像上层人物因野心勃勃和相互倾轧而弄得心力交瘁。"

如果年轻人只是为了否定"多数"而否定，为了反抗"多数"而反抗，其实并没有看到"普通""常规""平淡"也可能蕴含着深邃的风景——有些人的故事，你很难从表面上看出来。

不过，成为父母之后，我也更确认，许多父母的说辞是人云亦云的，他们的大脑是模糊矛盾的，这并不能因为他们是出于"为子女好"的初衷就免责。

一个典型的荒谬场景是，那些绘画班里的培训老师和家长们，教导孩子学习和模仿凡·高的独创性。我会感到悲伤，会很想不怀好意地问这些父母：如果你们的孩子真的像凡·高这样顽固又疯狂，你们确定不会暴怒？

恐慌盲目的父母们在教育上利用名人，却只截取他们想用的那一点。这也让我想起了王小波所说的："强者为弱者开辟道路，但是强者往往为弱者所奴役，就像《老人与海》中的老人为大腹便便的游客打鱼一样。"

对于人性中真正的勇气和创造性，父母们是叶公好龙的，因为这些并不能保证孩子的安全和衣食无忧。

6 父母因为参与和见证了孩子最幼小最无助的时光，总会无意识中将子女们当作保护的对象。即使子女长大了，父母也很难看见子女作为一个成年人的人性和灵魂（反过来，子女也很难看见父母作为一个成年人的历史选择和爱恨情仇）。

父母的视角，本质是将子女看作弱者，心生怜爱与呵护。

在照顾孩子的漫长过程中，他们形成了一种错觉：孩子就像玻璃缸里的一条金鱼，在这个竞争激烈、恶意满满的环境中，必须要全力保证孩子的安全和精致，不得有丝毫闪失。父母忘记了，生命的本源是来自广阔汹涌的海洋，孩子更像是体型庞大的鲸，天生有乘风破浪的基因，可是父母却偏偏不愿意去真正面对：子女们必定要经历的冲击、痛苦、错误和淘汰。

子女们常常抱怨他们不能选择父母，实际上父母也无法选择子女的资质和性情。做父母最大的挑战之一，就是在孩子身上，体验到失控的无奈。如果我们承认每个人的独特性，那么，父母们完全无法预料，他们的孩子未来会经历些什么，会选择些什么，会成为一个怎样的人。强势的父母，也许可以布控前面的二十年，可是别忘了，二十岁以后，才是很多人的命运发生翻天覆地变化的开始。

父母本能地想去保护子女，可是很多时候，"保护"和"理解"是背道而驰的。因为太想去保护，就会强烈地去否定和干扰子女那些在父母眼里"看起来很愚蠢"的自我意志。做父母最大的挑战之二，就是即使多么不喜欢子女的选择，也得保持一个成年人看另一个成年人的克制，云淡风轻地说一句"Let it be"。

只有在平等的两个成年人之间，才有真正的理解、欣赏和支持。在养育孩子的过程中，父母得随时保持一种远见：在那个天真幼稚的孩子身上,在那个青春懵懂的少年身上,正酝酿着一个必然要独立承担命运的成年人。

7 未婚女青年M还在为当今的孩子们打抱不平:"现在的父母当年也是讨厌过应试教育的,也是在考完后就撕掉教科书的,怎么又把自己的孩子往这条路上逼?仍然是补习、重点班、重点大学这样的重复。"

我说:"父母的心愿,常常是:子女平安健康、衣食无忧、拥有世俗认可的幸福。而主流的竞争,看似残酷,实际上成功率的确更高。考个好分数的难度,在一生的挑战中,并不算什么。很多人除了会考试,别的也不擅长。一个孩子可以拒绝考试这样的主流评价体系,那么这意味着他要努力找到主流之外、此生安身立命的才能和道路;一个孩子可以批判成人世界的庸碌和荒唐,那么这意味着他要在不断的否定中,学着女娲为泥人吹口气那样,为自己的人生创造意义。而后面这些,所经历的冒险和痛苦,要远远大于几场考试。当然,也会更充分地活过。"

自由是好的,但真正的自由,却不是很多人能承担的,人会逃避自由,会自动进入到各种或大或小的框架之内,来获得安全感和确定感——这是人的共性,并不分父母和子女。

我又说:"如果人人都按照父母的心愿,人世间就没有那些疯狂的科学家和艺术家了。扩展人类的极限，尝试未曾做过的事，很难得到同代人的理解，更不要说是父母了。所以，所有不走常规路、有创造力的人的出现，都得感谢一件事：幸亏这些父母（想管也）管不了他们了——而这件事，每一秒钟都没有停止过。"

再温暖的家庭和父母，是庇护者的同时，也是限制者。

可是，另一个重要的不可抗力是：子女是限制不了的。

8

一个人的内在驱动力，就是他的命运。而命运，是大于人力与人愿的。就像鲁滨孙，他知道父亲的忠告十分合理，但他仍然遏制不住内心莫名的冲动：我就是要出海去看看，哪怕冒着死亡的危险。

和这种难以解释的力量比起来，学区房之类的争论是多么苍白弱小。父母却要花费大量的心思和金钱来挑选一所好学校、一个好环境，只是因为，这是在命运的挟裹中，父母所能选择和控制的为数不多的变量：他们尽力给孩子一切他们认为最好的，来降低这个孩子在资质和境遇上的风险。

然而，他们能给的一切，也不过是命运的一小部分而已。

父母无法与自己的命运相抗衡，遑论子女的。

但是做父母的，也不用如临大敌。因为大多数的子女，在反叛和折腾之后，会回归普通生活。因为普通，是多数，是常态。

不做普通人，所需要的能量是很高的。而真的，只有少数人拥有这样的能量。

9 我看着我的孩子。我希望他们度过怎样的一生呢？每一个慎重生下孩子的父母，都避免不了一种如影随形的压力："我把一个生命从虚无中带来，他/她会觉得值得来这一趟吗？"

我看着他们，他们现在是如此幼小。用成人的眼光看，他们的大脑远未发育成熟，他们很多话不会说，很多动作做不了，很多现象也理解不了。他们像从天而降的外星人，在学习这个星球上的知识和规则。他们充满了好奇，对着一个勺子、一条绳索、一个水坑可以研究半天。大人陪着孩子玩，实际上是个很枯燥的过程，因为他们会不断地重复那些在我们看起来无聊的小儿科玩意儿。

但是小孩又是神奇的，即使是婴儿，他们也展现出了天生的个性倾向和不屈的自我意志。有一些神秘的力量藏在他们的身体里，等待着有一天完整地呈现出来。如果能看见这些，一个父母就会知道：孩子的确不属于父母，父母存在最大的意义，就是为他们提供爱和支持。

对于孩子，我的心愿仍然不能免俗，希望他们得到最好的。

一个生命能拥有的最好的是什么，我反复思量。在这个过程中，父母的角色逐渐隐退，一个声音清晰得毋庸置疑。一个生命能拥有的最好的，我仍然认为是去探索和创造，去领略美和真相。我希望他们拥有这些，哪怕会经历苦楚。我能预见，一个肉身在通往这些的路途中，会遭遇多少饥渴、污浊、迷惑与沉溺。肉身贪念舒适，而精神渴望超越。我希望他们能一直感受到精神的指引以及实现它们的喜悦。

这样形而上的心愿，我或许会羞于提起，因为它不属于日常生活。在为子女提供衣食住行和教育的日复一日中，我和他们将会处理许多琐碎的事情，我们会闹别扭，会疲倦，会失望，会不知所措。我们可能会大喊大叫："为什么会变成现在这个样子？"但如果他们认真地问起，我对他们有过的最诚恳的心愿，我会如实地告诉他们。

跟着孩子重温唐诗

儿子快两岁时,终于开始学说整句的话了。有一天,我想试试他会不会背诗,就随口念了首诗给他听:

春眠不觉晓,处处闻啼鸟。

夜来风雨声,花落知多少。

给他念这首《春晓》,大概是因为,这也是我学的第一首诗吧——它太熟悉了,熟悉到骨子里。

儿子安静地听着,他似乎发现了这几句话和平常的话有些不一样:平常的话有长有短,而这几句话的字数一样多,发音也平仄有致,至少悦耳一些吧。

此后两天,每次给儿子穿衣服的时候,我就重复念这首诗(也只有在穿衣服的时候,我才想起来)。到了第四天,我一开口"春眠不觉晓",儿子突然就接上了"处处闻啼鸟"。哎哟!我挺惊喜的,又继续说:"夜来风雨声。"儿子应:"花落知多少。"

我当然知道,牙牙学语的孩子并不懂得诗的意思,他只是在模仿发音而已，古诗的音律对孩子来说有点像歌曲，很容易模仿。可是，听到一个稚嫩的声音，完整地将一个经典的文学作品（哪怕它只有20个字）念出来时，我还是由衷地赞叹了他："真好！"他自己也感觉完成了一件有头有尾的工作，颇有成就感。

又过了几天，我带儿子出去溜达，广州随处可见的木棉花，掉在了马路上。我指着地上的花说："这是落下来的花。"儿子说："花落……知多少。"

我忽然意识到，古诗对孩子来说，不仅仅是音律上的朗朗上口，它也是孩子感受生活之美的载体。也是在那一刻，我好像生平第一次发现了古诗与生活的通道，而这竟然是被一个孩子点化的！

从小到大，我也从语文课上学了不少古文，可它们只停留在背诵和字面上，它们是死的，不是活的，我甚至觉得古文是陈腐的。在我有了孩子之后，在我慢慢给孩子念《春晓》里的一字一句时，我才真正看到它的美不胜收。在孩子的朗诵声中，我以微醺的状态走进它幻化出来的真实意境里：

在一个无所事事的春夜里，一个人慵懒地躺在榻上，不知不觉睡着了。一觉醒来，已是第二天，晨曦的光透进来，屋外的鸟叫声此起彼伏，清脆入耳，又好像就在屋内叫的一样。忽然想起昨天晚上听到的风雨声，心里挂念着庭院里的花儿，不知道它们掉落了几朵?

这首诗原来如此之好。这样酣然,这样放松,人以最天然的状态存在着,时间也只是时间,不是用来换取任何事物的交易品,时间只是四季轮回中从容的呼吸。

有一天中午,我和儿子一起躺在床上,儿子不自觉地念起了《春晓》,我听着听着,又出神了。他也许不会知道,他的妈妈被这首小诗带到了很远的地方。是啊,连我自己都感叹,我开窍得太晚了!

我不知道,当儿子能感受到它的魔力时,他多大了,我当然希望他更早一些,毕竟,人的一生中,美的、诗意的时刻,总不嫌多。可我也无法勉强,我能做的,就是把他带到美的面前,有一天,他会睁开双眼,自己看见。

于是,我开始从我的记忆里找出简单的、适合幼儿的唐诗,念给儿子听。

第二首诗是王之涣《登鹳雀楼》:

白日依山尽,黄河入海流。

欲穷千里目,更上一层楼。

这首诗也很好"听"。白日、黄河,气象开阔,最后两句,也有哲思之理。后来每次我们坐电梯到很高的楼层,儿子就会说:"更上一层楼!"我们也会在高楼上站着看一会儿,一般看不到广阔的河流,只看到城市里林立的建筑和纵横的交通。

落日还是在的，不过不是"依山尽"，而是"依楼尽"了。

这首诗我跟着儿子咀嚼了好多次，始终觉得，不如《春晓》那么好。最后两句，固然可以理解成是追求眼界高远的寓意，可是也有竭力劝人不懈的意思，显得有说教味。这也让我品尝到，道理、说教一类的言辞是有局限性的，它们是"可能性的收窄"，而不是"可能性的扩展"，这在意境上是减分的，难以称为上乘之作。

有次儿子看到几只鸟站在树上，我立马就想到了这首诗：

两个黄鹂鸣翠柳，一行白鹭上青天。

窗含西岭千秋雪，门泊东吴万里船。

这是儿子的第一首七言绝句，每句比五言绝句多了两个字，但也是很快学会了。我以前觉得古代诗歌的平仄格律要求太古板，现在明白了它们在口口相传上独步天下的优势。

这首诗也是好得不得了，"两个黄鹂"打头，很口语化，两岁小儿都觉得亲切。后两句略复杂，对仗工整，有精雕细琢的痕迹，初看生怕有匠气，细细品味，才觉得，再精雕细琢也不怕，因为太完美了，完美不在乎是来自浑然天成，还是精雕细琢。

整首诗就是极其讲究的取景镜，通过它的移动，我看到了一扇窗户（这扇窗户是方形的还是圆形的呢？窗户上的框架是粗是细，是否有花纹呢？可以任人想象），窗户的外框，刚好就是一个画框，镜头推进，可以看见一座淡蓝色的如同富士山的西岭，山上的雪，是千年来的云雨累积而成，终年不化；这座山安静端正地坐落在"画框"里，仿佛自有时间起，它就在那里了。镜头换到下一个，从门口望出去，是一个湖泊，与河流相连，湖边停靠了一条船，它已行经了万里水路，现在暂时休憩，还将继续行往远方。

诗里没有出现一个人，也没有出现一个表达人的情绪的词。诗中所有的事物，不管有没有人看见，都会在那里，不减其自身的美半分。诗的每一句，都是艺术化的取景，吟着它，仿佛置身于一个空旷的世界里，你一人独享了这样的视角，进入了深远的冥想之中。这首诗能让人看见那原本"看不见"的事物：悠长的时间（雪不仅是雪，而是千秋雪），悠长的空间（船不仅是船，而是万里船），令思绪突破了肉眼的界限——这是文字才具有的"洞见"，是比画和影像更高妙的地方。

我从来没有向儿子解释过古诗的意思，所以也会尽量挑含有他日常所见之物的诗，这样，即使他不知道全部的意思，也至少知道是和什么相关。大多时候，是我们一起看到了一样东西，我就想一想是否有与之对应的诗。和孩子在一起，无意中激发了我的诗意，我得承认，我从来没有对自然万物抱有这样敏锐的浪漫之心。

比如在草地上玩，我就会告诉他这首关于草的诗：

离离原上草，一岁一枯荣。

野火烧不尽，春风吹又生。

虽然我忘记了"离离"是什么意思，但就莫名觉得挺好听的，形容草挺美的，我想孩子也会有这样的感觉吧。这首小诗也是自带"时间之眼"，它不仅让人看到眼前的草，还能看到草的周期轮回，看到草的未来、可能的遭遇与希望。

在阳台上看见下雨了，我就会想起：

好雨知时节，当春乃发生。

随风潜入夜，润物细无声。

我一边念给儿子听，一边在心里默默感叹：能把雨的灵性写得如此呼之欲出，也可算作是雨的千古知己吧。

陪孩子睡觉时，很自然就会来一首：

床前明月光，疑是地上霜。

举头望明月，低头思故乡。

床前的月亮，儿子很熟悉，"举头望明月"，他也很熟悉，"低头思故乡"，却不是他能感受到的了。倒是我，和孩子待在一起时，常常会想起自己小时候的事来。想起我小时候指着月亮，大人会吓唬我："月亮割耳朵啦！"月亮还是那个月亮，真是："人生代代无穷已，江月年年只相似。"

有时候和孩子玩过家家，他捣鼓他的玩具茶壶，又把茶杯递给我，和我"干杯"，我就忍不住学起了李白：

花间一壶酒，独酌无相亲。

举杯邀明月，对影成三人。

这是一首成人的诗，孩子自不能体会这中间的滋味，四句里估计有三句都不知所云，可是，孩子能无意中领略到"举杯邀明月"，知道和月亮干杯，而不仅仅是和妈妈干杯，也是在小小的心田里种下一粒"潇洒"的种子吧。也许他还会慢慢发觉，有个诗人，很喜欢在诗里用"明月"呢，他很喜欢和月亮对话呢，这是一个"俯仰于天地之间"的人。

还有一些诗，生活中也没有原型，但纯粹因通俗好上口，我们也会一起念一念。比如：

红豆生南国，春来发几枝。

愿君多采撷，此物最相思。

又比如：

海内存知己，天涯若比邻。

无为在歧路，儿女共沾巾。

我好像不喜欢幽怨的诗歌，情绪过于浓重的，也不喜欢，那给我一种黏滞感。我喜欢有开阔感的、有回味的。

还有几首教给儿子的诗，是来源于我自己的偏爱。一首是我小时候特别着迷的：

空山不见人，但闻人语响。

返景入深林，复照青苔上。

王维很喜欢用"空"字，有禅意。小时候我不知道什么"禅"不"禅"，只是觉得，读了这首诗，脑子里就会出现一幅画面，那是某个我曾经到过的地方，有一种朦胧的深绿色的神秘感。现在读起来，还是会回到小时候脑海里的那个画面。

还有一首：

月落乌啼霜满天，江枫渔火对愁眠。

姑苏城外寒山寺，夜半钟声到客船。

也是来自童年的回忆。我们85后，小时候都听过毛宁叔叔唱的那首"月落乌啼总是千年的风霜……"，但我是直到现在，才体会到这首诗的不朽。这可能也是一首人到中年才更有共鸣的诗。第一句就让人惊艳，"霜满天"三个字，构建了一个微微泛着银光的苍穹，在这样的苍穹之下，伴随着江枫渔火、古寺钟声的一个失眠之夜，能慰藉千百年来的夜半失眠人吧。只有一个"愁"字，不知为何而愁，却正好能包含所有的愁；物我两印，哀而不伤。

从给儿子念第一首唐诗起，半年过去了。写下此文，作为纪念。背诗并不是我们的任务，只是我们的闲趣。他是初学，而我是重温。我们偶尔顺口吟诗几分钟，不过是时间洪流中的吉光片羽，到如今也就过了这么小十首诗。

于我，这却是一个重新发现魔法的过程。这些文字穿越千年保存下来，又能在口齿间贴身携带，是奇迹。诗人们当年为求得一字，用心推敲，在果核方寸之间暗藏乾坤，避过了时间的抹杀。一首古诗就是一个魔法，由一个人蘸墨写下，又在无数个心灵中复活。

假如有人造子宫

1 前段时间看一个微博谈论关于人造子宫的技术,也许在不久以后会实现。

我脑洞大开,想了想,有了人造子宫以后,未来的新人类会怎么样?

我想到的和我在生育之前想到的,不太一样了。

在我生孩子之前,我的关注点在"男女如何实现终极平等",那么显然,只有人造子宫才能解决这个问题。

有了人造子宫,受精卵待在一个培养器里,就像一个瓜一样,慢慢长大,到了时间就"瓜熟蒂落":培养器的门一开,一个婴儿就出来了。

那么,女人不用再怀孕了,也不用在入职时面临那些问题:"结婚了吗?""有孩子了吗?""计划什么时候生孩子?"

女人不再有身体的负荷,可以在任何时间,做她们想要做的工作。女人也不用承受分娩的痛苦,也不需要坐月子、休养数月。

既然不用怀胎,那么女人也不会分泌乳汁了,很自然的,哺乳的工作也不用承担了。没有母乳怎么办?不用担心,肯定会出现大家公认的母乳替代品。

由于不用哺乳,婴儿对妈妈的依恋,就没有那么独一无二了,也就不会出现,母亲不知不觉承担绝大多数育儿工作的情况了。

到了那个时候,如果一对伴侣想要孩子(我很怀疑,如果女人不用怀孕了,婚姻是否还会普及,因为婚姻中一个重大的交换价值不存在了),就可以商量着办:什么时候把受精卵放到人造子宫里去;孩子出生后,双方怎么分工,怎么配合照顾孩子。

女人不怀孕,既没有特别的母性激素,也没有母乳,那么在这个新生儿面前,父亲、母亲就站在了同一起跑线上,没有什么育儿工作是男人不能做的。男人、女人都一样。

这样想起来，多么清爽，多么平等。

2 我也立刻想到，有了人造子宫，国家或者机构，就可以大批量制造婴儿了。

如果一个社会的生育意愿很低，如果是把人看作"生产力"，用人造子宫来批量生产婴儿，就是很自然的事。

批量生产出来怎么办呢？只有批量养育。国家建立育儿中心，招来一批公务员做专职保育员，几百几千张婴儿床放在一个中心，按照一定的数量比例来配置保育员。

可以想象，是不可能按1∶1来配置保育员的。一个婴儿配一个专职保育员——这样的成本太高了，谁能保证这个婴儿以后一定是有用的"生产力"呢？

一个保育员照顾五六个婴儿，已经算是仁慈的安排了。

这样的育儿中心，应该也会很受欢迎。既然女人已经卸下了"生"的负担，那么"养"的负担，最好也有一种高效率的解决方式。这样，男人和女人都可以在追求自我发展的道路上，一往无前，不必为后代消耗那么多心力。

3 再大胆往前一步设想：最好的方式，莫过于，未来有一种育儿中心，可以让婴儿从出生就住在里面，24小时全托，父母想孩子的时候，就去看一看，其余时间忙自己的。

照顾婴儿的专业人员，都是受过高等教育的、训练有素的、充满爱心和耐心的育婴师和教育者。

这样，父母会轻松：他们不用熬夜给孩子喂奶、换尿片、盖被子，也不用在孩子生病时请假，更不需要在疲倦时面对熊孩子无止境的意外和需求。

孩子也会开心：正像很多孩子抱怨的那样，天底下的父母，很多都不怎么样，喜怒无常，素质参差不齐。还有很多父母，总是抱怨孩子阻碍了自己的生活。

看看网上我们国人对"家庭"的抱怨，就知道，家庭这个事物，并没有多少美好之处，大多是藏污纳垢，充满了压迫和控制。"家庭"这样的单位，即使消失了，相信很多人也不会惋惜。

有这样美好的"育儿中心"，对父母和孩子都是解脱。

4 可是，在我亲自带了两个孩子之后，我就知道，这样美好的"育儿中心"，怎么可能存在呢？

没有哪个机构或国家，可以承担如此高的育儿成本。现如今那些看起来还不错的幼托机构、私立学校，都是家长出了真金白银的学费，才得以营业的。那些耐心的、训练有素的老师，是孩子的父母在支付他们工资。

天底下有再多糟糕的父母，也不能抹杀一个事实：能不计成本地为孩子付出的人，绝大多数是父母，而不是其他人。

单独的家庭模式，不一定能保证孩子的幸福，可蜂巢式的组织模式，更难保证这一点。

当我们在考虑"子宫作为女性负担"的时候，不得不承认这一点：在自然界的多种生育方式中，胎生是最笨拙的、效率最低的。

虫、鱼、虾等生物，每次产卵数量巨大，而且不用在母体中孵育。

哺乳动物的胎生呢？母体要怀胎数月，行动不便，受尽苦楚，每胎产崽数量少，产后还要亲自陪伴幼崽数月，来协助它们完成独立。

可是，"舐犊情深"这四个字，也是哺乳动物所独有的。

大多数哺乳动物在出生之后，都会得到母亲的舔舐，都会紧紧挨着母亲的身体，感受母亲的体温和抚爱。

哺乳动物，和虫蚁不一样，它们有了"情感"的需求。如果没有温暖和爱抚，仅仅提供食物，哺乳动物是活不下去的；即使勉强活下去，也是病态的、短命的（这个论断，已经有科学家证明）。

在了解大自然的这种规则之后，我也在想几个问题：

很多物种，没有"情感"也能生存下去，可是自然界里，为什么还是进化出了有"情感"的物种？情感成了它们生存的局限和软肋。

"情感"和"效率"，看起来就是成反比的。如果像某些生物学家所说的，一切基因的目的就是为了繁衍，大自然为什么还要冒"低效率"的风险呢？

从进化来看，哺乳动物是比非哺乳动物更高级的，难道"情感"是比"效率"更高级的产物？那么，情感在这个无限大的宇宙中，究竟有什么"用"呢？

5 人的生育，又是所有哺乳动物中，效率最低的：怀胎时间长，每一胎数量少，最要紧的是，幼儿的照料时间之长，冠绝所有物种。

在所有哺乳动物中，人类婴儿对于情感的需求，也是最大的。

这意味着，一个婴儿要身心健康地活下来，需要一个或多个抚育者的大量情感关注。

当我在想象"人造子宫"的实现时（我倒是乐观地认为，这样的技术并不难），又想到一个问题：由人造子宫生出的婴儿，能不能得到足够的情感投注？

当人们跳过了"生"的付出之后，很可能对"育"的付出，也会感觉是陌生的、多余的、不值得的。

养育的工作，不是技术可以批量解决的。胎生的意义在于，幼体在它无法自立的时段里，有属于它自己的、独特的、固定的照顾者。

人类无论掌握了多么先进的科技魔力（以至于可以改写自然密码），终究还是自然的产物。自然的产物，就不得不遵循自然的规律。

人类作为最高级的哺乳动物，就有这么一条铁律：人的婴儿，生来就要有具体的、稳定的依恋对象。

这是人之为人的天性，如果剥夺了他/她的这种"人性"，他/她就会成为一个不知自己为何的怪物。

人可以不从母体里诞生，但却不能没有安全感和爱。人对安全感的需求、对爱的需求，远远超出他们自身的想象。没有爱和安全感，幼儿就会死亡、残疾、病态（科学家已经证实了这一点）。

而幼儿的爱和安全感，就是来自具体的、稳定的依恋对象。

这么想一想，大自然为什么要设置胎生，是可以理解的：胎生，可以保证母体在怀孕时就建立与胎儿的共生感、亲密感；可以让母体在某一段时间产生大量激素，来"忘我"地付出。

胎生，是为了"依恋的需求"而存在的一种生育形式。胎生，也是哺乳动物的情感基础。

那些不需要依恋的物种，不会胎生出来。

也许，通过人造子宫，人类一代又一代的受精卵，最后"进化"出了非胎生动物的非依恋性。可是，这究竟是"进化"，还是"退化"呢？

6 我现在认为，人造子宫并不会"解决"太多问题（当然，无痛分娩技术，是值得推广的：让女性承受自然分娩的极端痛苦，太野蛮了，没必要排斥这样的技术）。

人造子宫固然可以实现女人与男人的生理性平等，却不能免除一对父母对新生命的抚育责任，也无法割裂一个小生命对抚育者的依恋。

如果存在性别差异时，男女尚且不能善待这种差异，那么即使抹平差异，也同样无法善待（功能完全一样的）彼此，因为没有什么合作与分工，可以做到绝对的"平等"。

面对差异，考验的是人的智慧与诚意。人有智慧和诚意，就要经常拿出来用一用的，不然也会退化掉啊！

7 如果把生育看作是需要解决的"麻烦"和"问题"，是没有认清生育（尤其是人类生育）的本质。

在本质上，个体的繁衍与个体的自我发展，就是互相矛盾的。没有什么物种，在养育下一代时，不需要消耗自己（无论是体力还是时间；人类发明的金钱，也是时间的转化物）。而一个新生命的成长本质是：他/她必然是吸收着一个或数个养育者不计成本的心血和情感，才能自然舒展地长大。

繁衍，对个体而言，就是一场非理性的付出（但从生物学的角度说，有利于物种整体的延续）。

在养老体系相对完善的现代社会，人还会生育孩子，是出自基因中的巨大本能，而不是理性。完全的理性不会让人生孩子。只有非理性才会。

什么是莫名其妙的非理性：忽然有了生孩子的冲动，觉得小孩好萌好可爱，看孩子什么都好，开始感到下半辈子有点孤独……

这些都是强大的物种本能。

指望在生育中保持完整的自我，这样的想法，就是一种纯粹的理性。抱有这样的想法，在漫长的养育过程中，就会有层出不穷的焦虑和不甘。

明白生育是适当的"牺牲"，才能坦然地接受和享受在那些非理性的付出之后，我们的本能给我们带来的快乐。

8 电影《超体》里有这样一个理论：物种在环境好的时候，就会倾向于自我发展，在环境差的时候，就会倾向于繁殖。

这似乎和人类社会的走向相吻合：随着生产力的提高和物

质的丰盛，个人越来越倾向于自我享受和自我投资，而不是苦哈哈地生育孩子、投资孩子。

我猜测，到了某个时间节点——当人可以实现"永生"（或无限长寿）的时候，人类的理性就会完全占上风，压倒繁殖的本能。

个体不再"死亡"，就不再需要通过生育来"延续"生命，这将会革命性地破坏掉人的繁衍欲，到那时，人将会专注于"自我"的无限发展，不愿"浪费"宝贵的时间和精力在另一个生命上（哪怕是后代）。

到那个时候，人也许会进化成为另一种完全"理性"的物种。

9 在我们的基因设置里，最能让我们"忘我"的，就是我们的后代了。

作为父母，为子女去付出，的确算不上伟大，因为这就是一种本能。

可是，作为渺小的个体，亲子之爱，却是一个人最可能接近，不计成本地去付出感情的时候。而且，这样的感情，也往往会不自觉地扩散到其他的对象上。

成为父母本身，并不会让我们伟大，但在某些时刻，顺应那种"忘我"的本能，会让我们更快乐、更像一个"人"。

父母适当地为子女牺牲，让子女感受到爱与滋养，是一件符合天地自然、符合灵长类基因深处动力的事。父母不接受这个事实，才会委屈，才会自我感动，才会不自觉地控制儿女，才会企图索取高额回报，造成生命扭曲的悲剧。

有的父母，尽管亲自照料孩子的时间不多，但还是花了大量金钱和精力为孩子寻找有爱的、稳定的照顾者和教育者。这也是让孩子幸福的方式。

育儿可以专业化，可以不是父母的主要工作，但也需要父母精心挑选育儿人选。

对孩子来说，父母可以缺席，情感的投注却不能缺席。

10 我曾经在一个游乐场里，看到一个父亲，陪着一个智力有明显障碍的十岁男孩，重复上下楼梯的动作，一次又一次。

这个爸爸的非理性投入，对社会生产力的提高、对物种整体的进化，有什么作用呢？

没有什么用。只不过是让一个普通的、不起眼的小生命，得到了他的本能渴望：爱与陪伴。

我偶尔会想起那个爸爸和儿子的画面。

我也会偶尔想起，哈勃望远镜拍摄下的画面：宇宙是炫美的，也是冷酷的，在那些亿万年间形成的无限空间里，实在看不到人类渺小的情感痕迹。

我还是没法确切地回答那个问题：人的情感，究竟有什么用？

宇宙为什么要让人从一诞生，就渴望温暖和抚慰？就渴望另一个生命的注视与拥抱？

谁知道答案呢。

当新人类通过永生技术，变成一个完全专注于自我发展的理性物种之后，回头看，他们的祖先，那因为渴望爱而脆弱无比的灵长类，就更是一种匪夷所思的远古传奇了吧？

爱是一场壮丽的冒险

1 当了妈妈以后，有很多体验上的更新。其中一个小小的变化，是我没有想到的：

每次我穿梭在人群中，听到稚嫩的声音在叫"妈妈"，我都会恍惚片刻，好似是在呼唤我——这是在有了孩子以后才会有的奇妙体验。

以前，我是完全听不到孩子的声音的。我一直是一个很自我的人，走在路上，总是沉浸在自己的世界里，很少看见别人、听见别人。

没想到，生了孩子，就不知不觉与天底下的其他孩子，有了隐约的、微弱的联系。

有时候在闹市里，我听见有轻柔的童声喊一两声"妈妈"，然后没再叫了，我就猜测，那个孩子找到妈妈了，或者，得到妈妈的回应了，不自觉地，我也微笑起来。如果那叫"妈妈"的童声，一直没停下来，甚至越来越急促，还伴随着哭腔，我的心也会揪起来：是不是找不到妈妈了，或者，和妈妈闹别扭了？

2 我五岁的时候，做过一个梦：

我沿着家门口的路，喊"妈妈"，妈妈就在离我不远的前方，可是她也在喊"妈妈"，一边喊一边找。

我很奇怪：妈妈为什么要找外婆呢？

梦的最后，是妈妈抱着我，一起去找外婆。我听着妈妈不停地喊："妈妈，妈妈！……"

我大约十岁的时候，又重复做了这个梦。

这个梦很有象征意味。

在我做了妈妈以后，我看到、听到、观察到许多婴幼儿对妈妈的眼神和呼唤，我真正理解了，"母亲"这个角色所承载的人类的共同情结。

"妈妈"是一种精神原型，代表着永恒的温柔和包容，就和"爱情"一样，是所有在世间飘零的灵魂流浪者所眷恋和期盼的归属。这种高度理想化了的原型，在现实中并不存在。但每一个"妈妈"，在最初都经历了孩子对她的这种完美投射。

我作为一个肉体凡胎，也经历着孩子们对我的完美投射，他们通过我来验证"爱"和"接纳"。

他们愿望中的"爱"和"接纳"，在我这里，有时候会得到满足，有时会落空。

无论现实中的"妈妈"是怎样的，一个人都不会磨灭对理想中"妈妈"这个精神原型的向往，它是超越个体的集体原型。

3 做妈妈，就是一场冒险。因为每一个妈妈，都是在和孩子心目中那个完美的、无所不能的"妈妈"相较量。

孩子的天然依恋，把妈妈抬到了"神"的位置，这也成了妈妈们的焦虑来源。

妈妈们的第一本能，是把"最好"的都给孩子，不辜负孩子的信任，可是，谁知道，什么是"最好"的？

当一个人追求"最好"的，就会伴随着无止境的压力和焦虑，因为，真的没有谁，能说清楚什么才是"最好"的。

一个妈妈对"最好"的执着，往往是一种混乱的狂热的生命本能。而这种没有方向的非理性本能，在极端情况下，会吞噬掉幼体，也反噬母体本身。一只母猫，在不知道如何保护幼猫的惊恐中，就会慌不择路地一口把小猫吃下去。

一切狂热的能量，既可能是保护性的、支持性的，也可能转化为破坏性的、吞噬性的——母爱也是如此。狂热，是不讲道理的，是原始的。就好像宇宙本身的诞生，即是在极端危险和破坏性的爆破中。

4 很多新手妈妈，在产后都会经历锥心的自我怀疑：

我究竟配不配做一个母亲？

我究竟是不是一个好母亲？

她们也会在某些瞬间，对那个每时每刻都在呼唤自己的孩子，产生一种莫名的恐惧感：

这个生命，要索取到什么时候？

我有没有那么多能量，供他/她去索取？

甚至有一些女性，在犹豫要不要生育时，就被这些在内心中隐约起伏的声音，给吓住了。

不确定是否能做一个完美的妈妈，干脆不要做。

我也曾是这样的。

5 我在怀孕时，买了一本绘本《我讨厌妈妈》，放在宝宝的书柜里。我想，孩子在三岁以后就用得上了。

我很喜欢这个绘本，很喜欢那只小兔子在书里咿咿呀呀地发着小牢骚：

哎呀，我讨厌妈妈。

妈妈喜欢睡懒觉，星期天的早上，怎么也叫不醒……

妈妈就知道自己看电视剧，不让我看动画片……

就知道催我快点、快点，可她自己却慢吞吞……

来幼儿园接我总是迟到，还有忘记洗衣服……

我希望孩子知道，他也可以"讨厌"妈妈的。

因为，我的确不可能，为了他改掉我所有的"缺点"啊，讨厌就讨厌吧！

我买这个绘本，当然藏了我的私心：

第一，我喜欢这种相对舒适、自然和真实的母子关系，我不认同，父母就是不能被抱怨的权威。

第二，我也在偷偷给自己留后路：我可能是一个没那么好的妈妈，孩子，你要做好准备噢。

果然，儿子刚满三岁，还没来得及给他看这个绘本，他就会表达"讨厌"了。

他躺在床上说："我讨厌大人，你们总是不听话，我很生气。"

我困了，打了个哈欠，问他："怎么不听话了？"

他说："你不让我看《超级飞侠》！"

我说："可是你已经看过两集了，时间到了。"

他说："不行！我还想看！我都说了我还想看，你总是不听话，我讨厌不听话的大人。"

我说："噢，我知道了。可是你讨厌我，我也要睡觉了，不会再给你看动画片了。"

我闭上眼睛，装作要睡着了。

他滚来滚去，十分钟后，他的头滚到了我的胳膊上，然后他轻轻地对我说："妈妈，我想要抱着你的胳膊睡觉。"

我想，这和那个小兔子一样啊，发了牢骚之后，还是想要妈妈抱抱。

6 有一些时候，我和孩子之间，远不是这样风平浪静。

他们希望通过我来验证，完满的"爱"和"接纳"。有时候，我尽力了，还是无法让他们如愿，他们会大声哭闹，我也会很懊恼。然后彼此都很生气。

人和人之间，没有完全的理解和满足。即使是母子关系，也是如此。我学了儿童心理学，也不可能明白他们的每一个愿望；即使我明白了，我也不可能都如其所愿。因为客观世界与主观世界，就是会有界限，就是会有冲突。他们也得学习明白这一点。

无所不能，是每个生命的心愿，这样的心愿通常会投射给妈妈。可是，妈妈真的不是无所不能的。

哭闹、懊恼、生气过后，妈妈和孩子，都会进入新一轮的适应和学习：下一次，怎么表达需求，或者，怎么表达拒绝，可以让对方更接受、更理解。而随着孩子的成长和变化，这将是一场贯穿一生的相互适应和学习：父母俗称这个过程是"斗智斗勇"。

孩子又何尝不是在和父母"斗智斗勇"呢？

7 孩子都渴望得到妈妈的爱，其实，妈妈也很害怕失去孩子的爱。

妈妈这个身份，并不能改变个体的虚弱、匮乏和恐惧。因此，孩子和妈妈的故事，通常前半段是：孩子拼命争取爱和认可，妈妈是给予者；后半段则变成了：妈妈害怕失去孩子的爱，孩子成了给予者。

母爱的冒险，也可能是这样的：最后，你的孩子们，并没有你期望的那么爱你。

8 冒险，是做母亲的宿命。

有什么比把一个生命带到世界上来，更充满未知的事？

从怀孕时的十几次产检结果，到这个生命的走向，都是不确定的、不可控的。

做母亲，要有大心脏、大能量，才能在这一场长达几十年的冒险中，稳住自己。

9 在我们这个蓬勃热烈的黄金时代，人们往往把创业者，看作是勇敢的冒险者。

其实，爱也是冒险。

站在爱的起点，人会有无数怀疑：害怕自己不够好，害怕辜负这美好的天意，害怕中间有无尽的麻烦和磨合，害怕结局不是想要的样子，害怕伤痕累累后还是孤独一个人……

做妈妈也是这样：害怕不能给孩子最好的，害怕辜负了孩子的信任，害怕孩子走上一条辛苦的人生之路，害怕孩子最终不爱自己……

爱的冒险，同样需要勇气和智慧的加持。尤其是母爱的冒险。

每个妈妈，都可以把自己的生活看作是一场英雄的历练之旅：在这漫长的征途中，要直面内心的匮乏与恐惧，也要理解生命的成长规律；要学会奋不顾身地投入联结，也要懂得积蓄自我的能量；要练习坚强，也要容纳脆弱；要融入亲密，也要享受孤独。

10 每一个英雄，都有他的初心和信念。在典型的故事结构里，英雄总会在某一时刻迷失自我，忘记了奋斗的初衷，然后经过许多磨难，才重新找回"真我"。

一个母亲，也会在能量匮乏或执着"输赢"的时候，误入歧途，在毫无意识中，给孩子带来或大或小的伤害。

可是，能够唤醒她初心的，是一个很简单的信号——那一声轻轻的"妈妈"！

"妈妈"这个简单的音节，伴随着一个新生命而来，仿佛来自另一个世界，是天籁之音。一个母亲如果静下来仔细听一听，或许就能记起在遥远的梦中，自己身为一个孩子的呼喊，或许就能从中感受到久违的温柔和力量，或许就能在不知不觉中，回归到爱的本源：给予、支持、包容，而不是走向相反：剥夺、恐吓、控制。

哪怕是那一瞬间的温柔和力量，也已经很好。现实中的爱，不可能没有波动和杂质，但还能唤起初心，就是一次次的重新点亮，在这一场艰辛又壮丽的旅途中。

第3辑

变心之苦

王尔德说:"不变心的人只能体会到爱的庸俗一面,唯有变心的人知道爱的辛酸。"

这句话真是印证了许多人的心酸。情窦初开时,人人理想中的爱情,都是"执子之手,与子偕老"的长久与不渝,那才是清清白白、恩恩爱爱,令神仙都觊觎的世间幸福。谁都没想过自己会是"花心"和"负心"的那一个——在爱情中变了心的人,是过街老鼠,人人喊打,谁愿意做这样的角色呢?

直到被另一个人深深吸引,不能自拔,方才知道人力的渺小,方才知道情海的汹涌、艰险与苦涩。一位女性朋友说:"男朋友对我温柔体贴,我们在一起三年了,我一直以为我喜欢他,直到我遇到了A,我才知道,什么是被爱情触击灵魂的感觉。我压抑得很辛苦,只要看见A,我的心里就充满了悲伤,忍不住要流泪。"一位男性朋友说:"我有老婆,可我迷恋上了C,我知道我是渣男,我知道我要回归家庭,可是,在和

C告别的最后一晚,我整个人都被撕碎了,我抱着她大哭,我从来没有那么伤心过,我觉得我有一部分永远地缺失了。"

然而无论多么苦楚,变心者都很难得到旁观者的同情。相比起来,从来没有变心过的人,从始至终只爱一个人,或者从来没有爱过任何人的人,是幸运和安全的,因为他们永远不会处于道德的劣势。而那些内心感觉不知不觉发生变化的人,则终于尝到了"辛酸"的滋味,他们不仅要面临自己内心的复杂与失控,还要面临道德的压力与愧疚,以及抉择带来的煎熬和遗憾。

有人说:"活该!谁让他/她爱上别人的?!"这句话说得很有"人定胜天"的气势,可惜过于自负,对人心的精妙微纤毫无所知。理智,只能参与后面的权衡与抉择,却不能控制心的变化。甚至,理智越是用力否认,越是容易崩盘,星星之火遇到逆风来袭,只会愈燃愈烈。变心在前,理智在后。无论怎样,一旦变了心,就只有两条路可走:要么是忠于原先的爱情契约,背叛自己的感觉;要么是忠于自己的感觉,背叛爱情契约。你只能背叛一样,没有别的路可走。

也有人说:"归根到底还是要得太多,为什么不干脆利落地断掉旧的再开始新的?"这是个正确的观点,可在生活中能决绝地执行"伟光正"道理的人,很少。曾经的爱人,也许还有难以割舍的回忆和旧情,也许还有许多现实的牵绊,这些都无法像砍掉树木的多余枝蔓一样狠心砍掉。《廊桥遗梦》的主妇，遇到了一生的挚爱，却最终选择了坚守家庭，她无法背叛她的过去，尽管她花了余生的二十年来怀念另一个男人，并在遗嘱中请求子女将骨灰撒在和那个男人相遇的桥边，她说："生前我把所有的时光都留给了家庭，但求死后能永远依偎在他的身边。"这让人想起王菲在《不留》里唱的："我把风情给了你，日子给了他""我把思念给了你，时间给了他""我把情节给了你，结局给了他""我把心给了你，身体给了他。"

当然，在新旧之爱两者之间犹豫不决，也不能否认有对未来冒险的害怕。谁知道飞蛾扑火之后的结局是什么？是迎来光明的重生，还是凄惨的毁灭？爱情再大义凛然，也无法消除人性中的怯懦。同样是爱情，带来的结局不一样，就会得到世人完全不同的待遇：人们只信赖建设性的爱情，却害怕毁灭性的爱情。建设性的爱情是这样的：两人同心协力，组建家庭，积蓄金钱，购置房产，生儿育女，和睦安定，事业精进，蒸蒸日上。毁灭性的爱情是这样的：众叛亲离，打破稳定，不顾一切，疾风骤雨，千金散尽，身败名裂。建设性的爱情，与毁灭性的爱情，这其中的差别，可能仅仅在于发生的时机：早一步遇见，或晚一步遇见，就很不一样。

而爱情的魔力就在于，即使它可能指向毁灭，也总有人投身其中。中年男士D，有妻有女，事业小有成就，家产也有千万，却爱上了另一个女人，一个他无法放弃的"灵魂伴侣"，于是果断离婚，净身出户，回到20岁一穷二白的境地，和他的缪斯从头开始。虽然他也背上了"负心汉"的骂名，但做得也算光明磊落、有情有义，于是也收获了朋友的再次祝福。只是有人摇头：这样的爱情，代价实在太昂贵。不知在D心里，是否也掂量过自己付出的代价，是否想过这样不顾一切只是得到一份谁知道十年以后是怎样的爱情，值不值得？巴菲特说："人最重要的投资，是选择一个婚姻伴侣。"从投资的角度，D完全可以维持之前那段各方面都不错的婚姻，那么他可以得到更多稳定的红利，他可以巩固人生赢家的位置。可是他却亲手打破一切，选择了任性的"爱情"——他不是第一个，也不会是最后一个。

也有人等着看笑话：就算是仙女，真的朝夕相处，也逃不了前一段感情令人厌倦的庸俗结局——还不如不折腾。这样想的人,既可以说是理性的预言家,也可以说是胆怯的伪君子,他们把自己的感情贬低得很可怜。是啊,谁能保证,曾经心心念念的"白月光",是否会变成后来日常生活里的一粒"白米饭"?曾经刻在胸前的"朱砂痣",是否会变成一抹令人生厌的"蚊子血"?不能保证。可没必要刻意嘲弄和否认"白月光"和"朱砂痣"给自己带来的感动与震撼。

爱情里充满了遗憾,有许多"努力也没有用武之地"的时候:你无法提早遇到某些人,你无法让不爱你的人爱你,你无法左右两个人的步调始终一致……可我们总要相信点什么,总要对自己诚实一点,在遗憾中依然维护"爱"的尊严。毕竟,将一切"白月光"和"朱砂痣",都贬低为"白米饭"和"蚊子血"的人生,实在看不出有什么意思。

为什么我们对"出轨"那么容易愤怒?

最能让网友同仇敌忾的,莫过于名人出轨的新闻了。人们自发形成强悍的"反出轨联盟",恨不得将出轨者吊打三天三夜——即使这样,也洗刷不了出轨的罪恶。这背后有一种奇怪的代入感:仿佛自己成了那个被背叛的受害者,怒火中烧,要以正义之名审判那些"道德沦丧"的犯人。为什么我们对"出轨"如此愤怒?

背叛,无疑是对爱情伤害最大的行为之一。可与之相对应的,是成年男女都知道的一件事:感情这件事,勉强不了。即使最天真的女孩问:"你会永远爱我吗?"也知道"会"只是一个暂时的答案,谁也保证不了未来的事。更何况,如果做私密调查,许多人都会坦诚有精神出轨或身体出轨的欲望甚至经历。为何人们摇身一变,又变成了被羞辱的愤怒受害者:出轨者天地不容?!

或许是因为,无论出轨是多么防不胜防的人性暗礁,爱人出轨带来的致命打击，都是许多人无法承受的。即使是平常豁达开明的智者，遇到这样的情感变故，也会被巨大的痛苦砸得丧失理智。所以，与其问：为什么我们对出轨如此愤怒？不如更准确地问：为什么爱人出轨让人如此痛苦？越是脆弱痛苦的人，反应越是激烈。

从情感层面，痛苦的根源之一，来自于"自恋"的坍塌。人是社会关系动物，无法自证存在，需要他人的言行来确认"自我"。一个婴儿，如果从不被大人看见和关爱，就无法形成正常的人格与情感。除了父母之外，爱情是我们第二次能够得到他人如此关注的亲密关系。许多人通过恋爱确认了自己的独特和珍贵（再普通的人在恋爱中也是闪光的），也通过"被爱"感受到了活着的乐趣和意义。尤其是曾经自卑或自我虚弱的人，恋爱简直给了他们重生的机会：我原来有这么好，我原来有这么可爱。那么，危险也就这样潜伏了：如果"被爱"等同于"自恋"的滋润,那么"不再被爱"就等同于一记响亮的耳光:你没那么好。爱人出轨就是对这个"我"最大的否认和讽刺,这是"自我"一败涂地的耻辱。

为了掩饰这样的失败和羞辱,我们势必要占据极高的道德优势,指责"负心"的滔天罪恶。所以许多人在发现爱人出轨之后,会对"第三者"生出深幽的恨意:他/她有什么好?他/她凭什么打败我?如果"第三者"十分优秀,会因为自卑而更加痛苦,可是如果"第三者"一无是处,又会感觉羞辱更甚:他/她宁可喜欢一个这么差劲的人,也不专情于我!总之,"自恋"的破碎,"不被唯一关注"的失落,会让我们对"不忠"充满了愤怒。这也能说明,为什么即使没有肉体出轨,仅仅是精神上的不忠,也会让许多人痛不欲生。

从现实层面,痛苦的根源之二,来自于对"失控"的恐慌。尤其是婚内出轨。婚姻是这样一种东西:年轻人在走进它之前,对它充满了质疑和不安,认为它是"反人性"的,将约束自己的终生自由;可等到在婚姻中浸淫了多年之后,许多中年人都成了婚姻最坚定的捍卫者,因为婚姻不再是一个抽象的名词,它几乎渗透进了中年人的每一个细胞——财产、子女、社会形象、人际关系,一切重要的利益,都与婚姻相依存,牵一发而动全身。婚姻这样一个亟须安全保障的城堡,最怕的就是另一个人的心猿意马。

对婚姻依赖度越高的人，越会对"出轨者"心怀恨意，因为在他们的潜意识里，所有的"出轨者"都是婚姻的破坏者，都可能"带坏"忠厚老实的好人，他们就像看待瘟疫病人一样看待出轨者，必须要将这些"危险分子"排除在正常社会之外。所以，一旦有出轨事件爆出来，他们一定会第一时间冲出来大声唾骂。我们可以观察到，骂得越凶的人，越是恐惧感情/婚姻变故带来的利益丧失，越是不能承担感情/婚姻失败的结果。无论这个婚姻的利益，是一张下半辈子的饭票，抑或是一个体面完美的社会形象，总之，都是他/她十分看重的，是不能失去的。谁要破坏它，谁就是万恶不赦——要知道，倘若动了一个人的生存之本，他/她很可能不顾一切拿命来拼。

从认知层面，痛苦的根源之三，来自于我们对婚恋对象的人格定位。有时候因为爱得太执着，有时候因为受了社会文化的影响，我们会有一种顽固的错觉：这个人是属于我的，完全属于我的；他/她的一切，包括他/她的所思所想，都是我的。人们不知不觉把婚恋对象当作了自己的私人物品，骄傲地宣布绝对占有权，不容丝毫侵犯。可是只要稍微想一想，就会发现其中的谬误与不经推敲之处：一个人是不是恋爱了、结婚了，就连"个人"的人格独立性也完全消失了？

流行歌里都唱："谁能凭爱意要富士山私有？"你再喜欢富士山，也没法把富士山搬到家里私藏。你再喜欢一个人，即使你们结了婚，同床共枕，你也无法占有他/她的全部精神和意念。他/她是一个活生生的人，除非你像独裁者那样，认为你可以完全地囚禁和控制一个人的全部。恋爱和结婚不是卖身契，不是一个男人或一个女人沦为私人物品的开端。人们常说，儿女不是父母的私人财产，因为儿女有他们自己的人格。其实恋人和爱人也是一样的。如果我们将爱人看作理所当然的"我的人"，我们会对他们的"变心"义愤填膺，可是如果我们从"他/她也是一个人"的角度来看，或许会发现一些不一样的东西，而不仅仅是愤怒：原来他/她也有这样的软弱、欲望、挣扎与恐惧。

一个人遭遇"不忠"，当然最有资格愤怒和伤心。只不过他/她痛苦和反应的激烈程度，与自我的价值感、现实的安全感以及对"人"的认知有很大的关系。有的人会起杀心，要摧毁对方的一切方才解恨；有的人是因为对现实的权衡考虑，只能"维稳为上"；有的人是出于理解与慈悲，给各自一条生路，好合，或者，好散。

当我们围观一场出轨事件时，我们下意识的反应与痛点，也是我们内心潜伏的恐惧。人们对出轨的关注度如此之高，并不是因为它罕见，恰恰相反，是因为它十分常见，它可能在我们的生活中随时出现，它甚至是游荡在我们内心或梦境中的幽灵。

当年倪震在夜店激吻女大学生，舆论逼得他不得不"引咎分手"，周慧敏却并不像人们想象中的那么愤怒，反倒发表了一篇十分"深情"的声明：

今天我能够成为自爱、懂得爱人、拥有着无比勇气与承担的女人，请不要小看这个精神伴侣在我背后为我付出过的一切努力、包容、宠爱、照顾与扶持。都生活了这么久，没有倪震，成就不了今天的周慧敏。所以我敢大胆向各位说一句：我的伴侣绝对犯得起这个错误，而这句话，亦只我一人有资格去定论。

一个人的问题，两个人去修正；一个人的挫败，两个人去承担。任谁一方受到伤害，另一方都愿抵御百倍的痛。

我没枉费与倪震轰轰烈烈地爱过，永远刻骨铭心，此生无憾。而我自己亦都会好好地勇敢活下去，一如过往。

从这篇声明可以看出：周慧敏本人的"自我"很强壮，并不需要一个完美爱人来彰显自己的"女神"光环，也不需要大众舆论的悲情和怜悯；在这个事件中，她看见了对方作为"人"的不完美，并表示了十足的理解，并无怨恨委屈。当然这些并不是凭空而来，是基于他们20年高质量的感情，基于两人之间有深厚的默契与精神联结。

因此，关键还是两个人的感情质量。很多在恋爱或婚姻中的人，可能从来没有真正看见过对方。两人仅仅是因为虚妄的想象生活在一起，彼此没有诚实也没有真诚，各自活在自恋的小世界里，没有相互的关心与滋养，没有自爱的内心源泉，没有理解对方的意愿，没有把对方当作一个"人"来尊重的呵护之心——这些日常细节，才是爱情的灭顶之灾，而不是大多数人认为的出轨。

心理治疗大师的魔法

几年前,在做完一次心理咨询离开之时,我的目光在门口的书架上流连,这是我的一个习惯,我总是会被书吸引。

我的咨询师说:"你喜欢看书?那么我推荐你有空可以看看欧文·亚隆的作品。"

那是我第一次听到欧文·亚隆的名字。

她的推荐当然是有指向性的,因为我在咨询中常常提到"活着的意义"这样的话题,而欧文·亚隆恰恰是存在主义心理治疗大师——他认为哲学思想与心理治疗紧密相关,并提出了心理治疗的四大"终极关怀":死亡、孤独、生命的意义、自由,多么具有哲学情怀啊!

欧文·亚隆是学术权威(斯坦福大学终身荣誉教授,存在主义疗法的奠基人),还是一个热爱写小说的文艺男,到2015年,也就是84岁的时候,他还出版了第9本心理治疗小说。那天我在书架上看到的,就是他相当出名的两本小说:《当尼采哭泣》和《叔本华的治疗》，这两本书的书名已经抓紧了我的心，还有比这更酷的小说吗？人类历史上最了不起的两个哲学家，和心理治疗碰撞，会发生什么？回家以后，我迫不及待在网上下单买了这两本书。

可是，在相当长的时间里，这两本小说，我翻了好几次却并没有读完。欧文·亚隆毕竟不是小说家，书中的故事情节并不那么吸引人，而我自己当时也缺乏读小说的耐心。

不久以后，我又买了欧文·亚隆的《给心理治疗师的礼物》，这本书由85篇相对短小的治疗心得组成，好读多了，我很快就看完了。大概过了一年半，我无意中又看了第二遍，也许是由于自己的成长，突然读出了许多当年看不到的东西。接下来我一鼓作气把欧文·亚隆的几本书都看了，在阅读的许多瞬间，都与这个老头有强烈的共鸣，也有了念头想写写有关欧文·亚隆的读后记。

如果推荐他人读欧文·亚隆，我会建议从最容易读的《给心理治疗师的礼物》开始。

这本书话语平常，但分量厚重，它是一个有着45年临床经验的治疗师总结的毕生心得。面对这样的礼物，人的矛盾性和盲目性也会显现出来：我们寻求深奥的炫目的魔法，以为某种特殊的偏方会让我们从此格外不同，可真的等到一位智者公开他的"魔法"时，我们又会罔顾：原来并没有什么特殊的

"魔法"啊，只是一些最朴素最普通的东西。

欧文·亚隆就是这样，冒着"魔法"光环消失的风险，透明地展示了一个心理治疗师的工作原理与技巧，就好像一个功成名就的大厨，坦然地站在玻璃橱窗后面，展示他是如何做出一道众人艳羡的菜肴来。光是这样的真诚，就将他与许多故弄玄虚的"江湖术士"磊落地区分开来。

欧文·亚隆的"魔法"，有几点让我印象深刻。

1 病人和咨询师，并没有什么不同

《给心理治疗师的礼物》的英文书名是 *The Gift of Therapy: An Open Letter to a New Generation of Therapists and Their Patients*，准确的翻译应当是《心理治疗的礼物：给新一代治疗师及其病人的公开信》，也就是说，这本书并不是如中文书名所述，只是给"治疗师"的礼物，同时也是给病人的，在欧文·亚隆的口吻里，这就是分享给所有人的——治疗师与病人，并没有什么不同，也并没有什么是治疗师可以知道而病人不可以知道的。

事实上，身为一个曾经的"病人"，当我通过这本书，从一个治疗师的工作视角，来看待病人常见的病痛和盲区，以及他精心采用的治疗方法时，我的确感到收获颇大，会有一种"原来如此"的认知转变。这和身体的医学治疗是一样的，如果我们知道一个外科医生如何分析我们的疾病，并为何选择某种治疗方案，就会对疾病有更客观更清醒的认识，而不是一味沉溺在自怨自艾中。

这种坦诚平等的态度，本身就是欧文·亚隆对"病人"最好的礼物。欧文·亚隆一再在书中强调，作为一个心理治疗师，要记得，"你始终是一个人"。

他说：

——每个人，既包括治疗师也包括病人，都注定要体验生活的美好，也要体验其不可避免的暗黑之处：幻灭、衰老、疾病、孤独、丧失、无意义、痛苦的选择和死亡。

——我是一个人，不要让任何人性的东西与我疏离。

——我倾向于把病人和我自己看成"旅途的伙伴"，这消除了"你们"（被痛苦折磨的人）和"我们"（治疗师）之间的区别。

——病人可以比治疗师走得更远。如果治疗师移除了障碍，病人会自然成长、成熟并实现他们的潜能，甚至会达到比治疗师更高的整合水平。

——我尽我所有的努力去正常化病人的黑暗冲动，我会使用"我们"："我们的人性就是这样"，也就是说，我和病人一样，也有阴暗的一面。我曾经对一个不安的母亲说过："虽然我爱我的孩子，但是我也有无数次非常憎恨他们侵占了我自己的生活，让我无暇投入其他任务或兴趣。"

在欧文·亚隆眼里，来咨询的"病人"，不是可怕的怪物，不是愚蠢的傻瓜，不是幼稚的孩子，而是一个有血有肉、有感情、有痛楚，同样，也有无限潜能的人。在某种程度上，所有的人，也就是"我们"，享有共同的"人性"，这人性中有光明，也有黑暗；有懦弱，也有勇敢；有盲目，也有智慧。

这样"人本主义"的态度，以及与态度"知行合一"的治疗方式，才是他成为大师的基础。

欧文·亚隆是一个喜爱文学的人。热爱文学的人，大概都有这样的特质：会用人性化的方式对待自己和他人，而不是以社会角色、名望、财富、成败等来定义一个人的全部，他们会看得更深入更幽微。而这样的特质，的确也是许多人学不来的，或者，是根本不愿意去学的。

2 真诚的交流，杜绝"洗脑"和"造神"

在一个脆弱的、需要帮助的人面前扮演权威，是很容易的事，你可以利用他/她的弱点，蒙蔽他/她的理智，煽动他/她的情绪，诱发他/她的暴戾；也可以把自己搞得神秘兮兮的，以"大神"加身，剥夺他/她的自信，让他/她无所适从，只有伏地膜拜。这些，都可以满足一个人内心深处的权力欲望。而且，极少有人能抵抗住这样的欲望：多少人的"梦想"和"自我实现"，就是指向了这种欲望啊！

欧文·亚隆深谙人性，自然知道这些人性的弱点，他说："人总是需要魔力、神秘和权威。"从历史上看，许多治疗师也知道这一点，并且把他们治疗的方法包裹在神秘之中。治疗培训和实践在某些方面类似于萨满教，经常在神秘的面纱后进行。而几个世纪以来，西方的医生使用了各种促进敬畏感的方法：白大褂、装点了各种权威证书的墙面、用拉丁文写的处方。

可是，在《给心理治疗师的礼物》这本书中，欧文·亚隆却提出了完全相反的看法，他极力强调对病人要真诚，"与病人建立真诚的关系本身就要求我们放弃行使魔力、神秘和权威的权利"。他认为，心理治疗本身是如此强大，以至于完全公开过程和资料理念就能得到很多东西。治疗师应该告诉病人治疗的基本假设、理念以及每个病人如何做能够得到最大的进步。"总而言之，"他言简意赅，"可以完全向病人坦白治疗机制。"

他还提到，有些治疗模型要求治疗师保持中立、隐匿自己，把自己当作一个"空白屏幕"，这样病人就可以在这个"空白屏幕"上更准确地投射出自己的问题。可是，欧文·亚隆不愿意做这样冷冰冰的"空白屏幕"，他说："所有这些都不足以让我牺牲治疗中真诚的人际互动。"

他把病人当作一个人,同时也把自己当作一个人。在治疗过程中,他也会袒露自己的感觉,说出自己的某些困境,甚至,他还要打破病人对治疗师的"全能期待"。欧文·亚隆知道,许多病人希望治疗师"无所不能、永远可以依靠、永远存在",欧文·亚隆认为这样把治疗师当作"神"的方式,短时间内看似有效,却是虚假的治疗。

他说:

——我们不能长久保持一种魔法师的角色,我建议尽快缩短这个过程,帮助病人尽快完成进入更真诚治疗关系的转折。

——我需要病人把我看作一个真人。

——如果不进行一种人和人之间的沟通,我就无法帮助他/她。

——我们得避免以往医患模式的残余,认为那些被痛苦所折磨的病人需要一个不动感情的、精确无误的、永远封闭着自己的治疗师。我们面对着同样的恐惧,同样的人生之痛,以及潜藏在每个人存在核心的小虫子。

——治疗师的真诚始终是救赎性的,即使在最坏的情况下(病人是个诡计多端的伪病人)。

和炫目的高高在上的"权威魔力"比起来,"真诚"是多么不起眼啊,甚至有人认为,"真诚是致命的",这只会让他人掠夺自己、轻视自己。可见，能保持真诚，也是需要莫大的善意和底气，是一种这样的定力：在最坏的情况下，我也不介意你轻视或利用我的真诚。

我的治疗师，恰恰是一个受欧文·亚隆影响的人，她在博文里写道："你的治疗对象是一个活生生的人，不要拿理论套在对方头上，那样你已经物化了对方。"

我碰到她，是一种偶然，我之前并不了解她，她也没有什么名气，但我每次和她聊天，都能感受到她的专注、关心以及陪伴。后来我体味出，是她身上的"人性化"的味道，对我治愈作用颇大。我能感受到一种流动的真实的关系，而不是一个被过度分析的工具。

世间许多人热衷于"自我封神"，以此指点他人的人生，而许多人也就需要这样的"人生导师"，亦步亦趋，放弃个人思考和自由；可是一个真正的healer（医治者），则会呵护对方的"自我"，鼓励他/她成为自己，获得真实的成长，哪怕这个过程会更艰难。

问题是，如果是你，你是会选择"神一样的导师"，还是"人一样的旅伴"呢？

3 **道理与观念，都不如一份好的"关系"重要** 很多人对心理治疗抵触或误解，是源于一种想象中的不了解，他们不明白为什么光聊聊天就要收费那么贵，以及"不就是做思想工作嘛，这个我也会啊"。

即使我是一个心理学爱好者，我也曾经抵抗去接受心理治疗，因为我有我的骄傲，我不愿意袒露自己、被他人剖析，我更喜欢在书籍中、在和遥远的智者的对话中去寻找出路——这样我会感到更安全、更舒适。在我的想象中，和治疗师的关系更像是一种"角力"或"较量"，我不愿求助，我会和他/她进行许多辩论，而他/她不一定能辩论过我。

有不少走进心理治疗室的人，他们的思维和逻辑，可能比一般人还要强大，因为当一个人痛苦或迷惑时，他/她会拼命钻进思维的迷宫，会想要找出答案，或许也能从中得出一些结论和道理，但他们内心的黑洞和虚弱，却永远无法被"道理"填满。

就如《心灵捕手》里心理治疗师肖恩对天才威尔说的那一段话：

如果我问你艺术，你可能会提出艺术书籍中的论调。如果我和你谈论战争，你会向我抛出莎士比亚的名言，但你从未亲临战阵，未试过把挚友的头拥入怀里，看着他吐出最后一口气。如果我问你爱情，你可能会引述十四行诗，但你未试过全情投入，从没有因为看见一个女人而变得脆弱，你从未试过对她深情款款，矢志厮守，明知她患了绝症也在所不惜，你从未尝试过痛失挚爱的感受……

人的情感和体验，是无法被抽象的"道理"和"观念"替代的。

欧文·亚隆也说：

——只有关系足够稳固的时候，观念才会发挥作用。

——如果没有亲密信任的关系作为基础，任何观念都会失去作用。

——别把知性和解释看得太重。

这些话语，我曾经是很不以为然的。我以为，"关系"是不重要的，智识和思维才是人生最重要的追求。人与人一切有含金量的关系，都是建立在智力与价值观相匹配的基础之上。这使我愤世嫉俗、排斥一切与我"观念"不符的人与事，更不知道如何去爱人、如何维持一段亲密的关系。直到我真的体验过被看见、被接纳，即使对方并不完全赞同我的观念和道理，但仍然可以跨越"对错"的层面来理解我和支持我，我才知道，包容与爱的存在与力量。

欧文·亚隆致力于在治疗中建立这样一种"稳固、信任、支持性"的关系，因为他确认，一段有效的治疗，离不开这样一种关系。而道理性的批判和说教，效果甚微。

关于治疗中"关系"的重要性，欧文·亚隆还说：

治疗关系的亲密性具有多重目的：它提供了一个安全的环

境，使得病人可以充分地表达自己；提供了被接受和理解的体验，使病人了解自己需要什么样的亲密关系；同时认识到这种亲密关系是可能的甚至可以经过努力达到的。

举一个例子：

治疗师A遇到病人C，C经常在治疗的过程攻击A，后来A渐渐发现，C希望借此达到让A自动放弃的目的。为什么呢？因为C在幼时有被抛弃和虐待的创伤经验，养成了"要想不被他人拒绝，最好的方法就是先拒绝别人"的逻辑。

在平常的生活中，C每次快要进入一段亲密关系时，就会不由自主地攻击对方、伤害对方，或者提前放弃这段关系，这样就避免了被人先抛弃的命运。每次这样做，他都"成功"地让想靠近他的人"离开"了他，他也"成功"地先抛弃了他人。

在治疗关系中，C又重复了这样的行为。如果A也因此受不了他而离开他，就验证了他内心的魔咒："我就是这么让人受不了的人，没有人能真正爱我。"

当A看穿这一切，就不会被他牵着走，即使被攻击，也仍然提供高质量的陪伴和理解，这样，就打破了"病人"C的习惯性期待与绝望。C会渐渐解开魔咒，他会渐渐发现，原来他既向往又逃避的某种良好关系，是可以经过努力达到的。这一切，都是在C获得了一段"稳固、信任、支持性"的关系之后，不知不觉发生的变化。

站在"道理"的角度去说教，是相对容易的，几句话就说完了；而提供一种支持性的情感关系，却是艰难的，这需要大量的耐心和爱。可是，说了许多"理解"和"爱"的道理，又怎么能比得上让一个人真正体验到"理解"和"爱"呢？

最好的心理治疗，与最好的教育是一样的：不必讲道理，让对方看见和感受到。

4 关注当下，即"此时此地" 在欧文·亚隆看来，治疗师与病人之间"此时此地"发生的事，比病人的"过去"和"历史"更重要。

如果一个治疗师只是执着地、无止境地挖掘病人的"过去"，却对眼前这个人的言行举止、互动特点毫不敏感或视而不见，那就是舍弃了"此时此地"的宝贵资源，并没有与当下的这个人产生关系。

欧文·亚隆是一个人本主义治疗师，人本主义无疑比精神分析疗法更积极，他相信未来和改变，而不是被"过去"死死钉住的宿命。所以他更关注病人"当下"表现出来的细节和问题：他/她现在对什么敏感？他/她害怕什么？他/她担心什么？他/她希望得到什么？……如果病人有人际关系的问题，那么在和治疗师的互动中，也会呈现出这些问题的特质，也由此，治疗师可以通过"此时此地"的交流、探讨与疏导，通过在"此时此地"构建一种新型的关系，来改变病人在过往经验中形成的症结。

欧文·亚隆偏爱的治疗方法似乎在传达一种哲学性的洞见：不仅仅是过去决定现在，现在也可以改变过去。当一个人接受了新的信息，当他/她的观念和认知角度发生变化时，"过去"对他/她的影响也就不一样了——这就是"现在改变了过去"。不少人有这样的体会：当自己的情感、思维及行为模式变化了，再回头看，当年恐怖至极的"老虎"很可能只是一只小猫的阴影而已。过去的事件，并没有消失，也没有被修改，但它就是不一样了。

很多病人沉溺于过去的痛苦经验，被"过去"施咒，动弹不得，全然忘记了"现在"拥有的力量。欧文·亚隆告诉我们，如果治疗师能专注于"此时此地"，就是一种很好的"暗示"：别总是活在过去，那不是真正的"活着"，专注于现在吧。

后记：

第二次读完《给心理治疗师的礼物》之后，我强烈意识到，心理治疗师是一项专业技术门槛相当高的职业。它和外科医生一样，需要长时间的训练才能胜任。一个成熟的心理治疗师,对病人的一句普通问话,都凝结着他多年的经验、专业的判断、治疗路径的选择,以及敏锐的观察和直觉。而且,如果不具备一份慈悲之心,心理治疗师也很难付出根本无法量化的耐心与包容来"度人"。

欧文·亚隆在书中不讳言这份职业的收获和艰难,他说:"每天,病人与我们分享他们的秘密,这些秘密通常没有和第二个人讲过。接受这样的秘密是少数人的特权。……我们治疗师被给予了观看世界的清澈透镜,这个透镜有较少的扭曲、否认和幻觉,它使我们能够看到事情的本来面目。"不过他也提到:"心理治疗的温馨设置,例如舒适的座椅、有品位的装饰、温柔的话语、共同分享、温暖和亲近的关系,等等,常常会掩饰这个职业带来的危险:一位成功的治疗师必须能够忍受这个工作必然带来的孤独、焦虑和挫败感。"

我们最后能拥有的

1 记忆对我们意味着什么呢?

至少有两个伟大的作家意识到了记忆的致命重要性。

纳博科夫的自传《说吧,记忆》首次出版时,书名是《确证》,意为"我确实存在过的证据"。马尔克斯的自传《活着为了讲述》,扉页的题词即是:"生活不是我们活过的日子,而是我们记住的日子。"

这两个例子或许可以说明,年老的人对"记忆"尤有感触——纳博科夫和马尔克斯在写自传时,都不年轻了(一个50岁,一个70岁)。是啊,年老代表着,未来的可能性日渐稀少,拥有渐多的,只有过往的记忆;以及,在生命走向彻底的虚无(死亡)之前,人唯一能求助的、能紧紧抓住的,竟然也只有记忆。否则,我该怎么向自己交代,我已经在世间活过了70年?

2 可是，我不认为，人只有在年老的时候才会发现记忆的重要性，以及这样的发现带来的一种根本性的恐慌："我究竟是怎样活着的？"

我在很年轻的时候，就做过这样的事：仔细回忆我最早的记忆。这个"最早的记忆"太模糊飘忽了，以至于不断在变化中：有时候它是春光中一片翠绿的树影，有时候它是母亲的肩膀（她抱着我，我的头靠在她的肩膀上），有时候它是老房子门口的一只黑猫。这些都仅仅是片段的画面，至于有连续情节的记忆，我努力搜索，也不会早于三岁。

我向大人们追问我三岁之前的事，他们告诉我：

"你两岁半上幼儿园，前三天回家衣服都是干干净净的，但很快就学会了和幼儿园的同学一起在地上打滚，从此衣服再也没有不沾泥土的。"

"你十个月大的时候，不知为什么，有一次突然用力抓脸，硬生生用指甲抓出了一条血印，所以你看，在你发鬓旁边，如果仔细看，还能看见那条印痕。"

"小时候，你爸爸出差一个月，回来时你就不认识他了，躲在外婆身后不肯出来。"

我听了，只有茫然，因为我都忘记了！

这是"记忆"给我们的第一个下马威：出生后的那头几年，是实实在在的一千多个日日夜夜，可于我们而言，那却是一片巨大的空白，只能依靠他人的描述，窥见星点的雪泥鸿爪。

我们活过的日子，如果没有记忆，就像是没有存在过的。

3 这让我想到了一个古老的传说：孟婆汤。

按照这个诡异却又似乎道出某种天机的传说，一个人在死后还有灵魂，在他/她重新转世为人之前，会走过一座奈何桥，桥头一个叫"孟婆"的老妇人，递给他/她一碗孟婆汤，喝了这碗汤，他/她便从此忘记一切前尘往事、爱恨纠葛，带着初生婴儿的清澈眸子，进入下一世轮回。

人是否有前世和灵魂，是个见仁见智的问题，但就算有轮回机制，其关键环节也在于"删除记忆"——即使有不朽的灵魂，它所记得的，也是现世的短短几十年。无论一个苍老的灵魂经历过多少故事，对于这个人而言，因为被删除了往世的一切记忆，就相当于并没有经历过。

也就是说，也许我们曾"活过"几万年，但我们并不记得了。

于我们的感知而言，在我们的"记忆"之外的时间，都是虚空。

正如纳博科夫所写下的："我们的生存，只不过是两个永恒的黑暗之间瞬息即逝的一线光明。"

4 "我不是一个喜欢怀旧的人，反正老了有大把时间可以慢慢怀旧，重要的是往前冲。"二十出头的那几年，我一直是这样想的。

直到有一天，我惊慌地发现：我完全想不起前一天我做了什么事！那刚刚过去的一天，就像完全被删除掉了。

那是我的工作看起来最风生水起也最忙碌的阶段，我每天都有大量的任务要完成。可奇怪的是，当我停下来，我记不起前一天、上个礼拜、上个月做了些什么事。以为是去年的事，但其实已经是前年了。

我努力回忆，只觉得有很长一段时间，我的日子在不断重复，分不清这一天与那一天的区别。

我感到一种大汗淋漓的惊慌：我的背后，什么也没有，仿佛孤零零地站在悬崖上。

无论我看起来多么"成功"，萎缩的记忆提醒我，我正在孱弱而单薄地活着。

那时候我心里一直有个模模糊糊的声音：我不喜欢这样的生活，这种生活只是暂时的，真正的生活在前面等着我，但我拒绝听见它。

我的记忆就这样诚实地发出了尖叫声：我正在过一种胆怯的、虚伪的、侥幸的、缺乏情感的、不值得记住的生活。

我看见，我对我的生活敷衍客套，我隔离着我最重要也最真实的感受，我失魂落魄，没有重心，随意漂浮，麻木不仁……过去的日日夜夜，是灌满了水的酒，稀薄虚假。我好像没有活过。

5 就是在那个时候，我抑郁了。

抑郁是件好事，我终于愿意去好好想一想：什么只是徒增我的空虚，什么才能让我真正心满意足。

我告别以往的那种生活，我取得了一些进展：

阅读和写作能切切实实地增加每一天的厚度；

删繁就简，花更多的时间做自己渴望做的事；

为生活留白，发呆、读诗、观察路过的人或树；

更细腻地对待自己，知道情绪正在发生的变化：快乐、悲伤、厌恶、愤怒、低沉、喜悦……

这样的日子的确"有血有肉"多了，我能感觉每一天都是"我的"，不再是无缘无故地被黑洞吸走。

我喜欢这样明确地知道自己在"活着"的感觉。

6 然而记忆仍然是狡黠的。无论你发誓多么认真充实地对待你的每一天，它终将会被记忆遗忘。

在我初为人母的那一年里，我感到每一天都是我人生中的"第一天"，因为孩子给我带来的新鲜感太有冲击力了，他每一天都有新变化，都能勾起我全新的情绪。我贪恋地看着他，沉浸在与他的互动中，我想我永远不会忘记这点点滴滴。我如此为自己感动着，甚至已经预见到在我到耄耋之年还能记起这一切。

可是，在我第二个孩子到来后，我很快就发现，才不到两年，我已经忘记第一个孩子的许多事情了！我时不时问丈夫："老大三个月时我们开始竖抱了吗？""老大的头发是什么时候长出来的？""老大最开始洗澡的时候爱哭吗？""老大笑出声是第几个月？"……

我不得不去电脑里翻以往的照片，才会记起来：原来孩子那个时候是这样的！

对着那些照片，我惊讶于时间和记忆的无情：世间的一切人与物，就和孩子的长大一样，是不可逆转的（我那两岁的孩子再不会回到半岁的模样）。

逝去的永不会再重来。

所有的人和事，在时光中先消逝一遍，再在我们的记忆里，消逝第二遍，直至面目全非。

7
和记忆的存储量比起来，我们的一生太长太琐碎了。

记忆无法记住每一天，它只能留下某些瞬间。这就是记忆的工作模式。

就算我们发明了录影机，能把一生的七八十年都录下来又怎么样呢？我们并没有另外的七八十年把这一生再看一遍。

大量遗失的记忆，或许是为了让我们更好地适应死亡：我们并不是一下子消失的，我们是一边活着一边消失的——就像一辆空间容量恒定的列车，一边前进的同时，也一边永别了它身后的风景。终有一天，我们会彻底消失，融入茫茫时间中。

每一次我们拍照留念，都是在宣告一个我们潜意识里知道但意识里不愿意浮现的事实："我们将会遗忘这一切（所以我要借助相机记下来）。"

8 我们一定会忘记我们的日日夜夜，难怪，我们都需要可见物来证明，我们活过的样子。

一个中世纪的匠人可以指着一座教堂说："我这30年都在修筑它。"就好像我的一个好朋友指着她写过的五本书说："我这十年就做了这些事。"就好像很多父母只能说："我养大了三个孩子。"

否则，往过去的时光深处里望，谁不是两眼迷离呢？

我们用这些可见物来安慰自己：我没有白活。

可是一个坚固的结果怎么能替代那些婉转的、细微的、易逝的、脆弱的、令我们哭和笑的时时刻刻？

据说濒死的人眼前会闪过许多个记忆片段，那些片段里有什么？只有他/她自己知道了。或许也只有到那一刻，他/她才会知道，这一生最眷念和最遗憾的是什么。

记忆是如此私密，以至于除非我们愿意分享，宇宙天地之间绝不会有第二个人知道它们的存在和样貌。

9 科学家说，过多的记忆是负担，大脑要运转正常，就不能同时记得那么多东西。

总而言之，这都是在说：人是极其有限的物种。人脑的包容量和承受力，远远不如一台电脑。

人记不住，就不会意识到，发生在自己身上的经历，如何塑造了自己。

我们看不见的，不代表不存在。我们意识不到的，不代表没有产生力量。

如果我活了30年，意识里只记得这30年中的1%，那么我之所以成为现在的我（我的身体状态、言行模式、心智程度），正是我不记得的那99%所作用而成的。

这就是"无明"吧：很多时候，人不知道为什么会做一些事。而"明智"就是，更多地看清了自己的来路，更明白自己为何是这样吧。

10 有意思的是，有时候我们拼命想记住，有时候我们拼命想遗忘。

记忆就是这么与人为敌：一个人越想忘记的，就越忘不掉。

"请不要去想一头大象。"你的脑子里就会一直有一头大象。

人想要忘记伤痛的经历，可是，伤痛的经历，比起愉快的经历，总是更受记忆的偏爱。记忆如同吸血鬼嗜血一样，嗜好过往的伤口。

很多人问："想要忘记一个人怎么办？"这通常是受了情伤。

可是为什么要忘记呢？如果我们真爱过那个人，总有一天会明白："当你不能拥有的时候，唯一可以做的，就是令自己不要忘记。"《东邪西毒》里的西毒欧阳锋等到他想忘记的人死掉，才明白这一点。而其实人们大可不必那么傻。忘不了自有忘不了的理由，那是一个人在另一个人的生命中留下的无形痕迹。

而更可怕的记忆则是与早年的匮乏、虐待、羞辱、恐惧、剥夺有关。这类记忆就如同遮天蔽日的迷宫，罩住一个人的一生，当事人可能花一辈子也走不出其中的死结。记忆是这么冷血的杀手，有的人明明已经很努力在新的环境开始新的生活了，却依然被记忆追杀，无处可逃。

11 过去看似是凝固的，然而在记忆的空间里却又是可以流动和改变的，这就是心念的强大与神奇之处。忘不掉的某些记忆，通常是一个人生命中的重要心结和关卡，不可逃避，唯有怀着智慧和勇气去面对和消解。我的咨询师，小时候经历过母亲带着她自杀（未遂），这段过去几乎可以奠定一生悲观厌世的基调。如果她试图压抑遗忘，则不可能获得重生的机会。

她说，在学习获得了一些治疗的力量之后，她一次次在记忆里回到过去，去面对那个无助的母亲和惊恐的小女孩，以"现在"的她给"过去"的那对母女以澄明的观察和深深的拥抱，每一次，记忆里的氛围和画面都开始有变化：她渐渐理解了母亲，也发现那个小女孩蕴藏的能量。过去的记忆变了，当下的现实也随之变了。

这似乎是一种扭转时空的巫术：通过在记忆空间的操作，来改变过去对现在的影响。事实上我认为这是人能唯一"改变过去"的方式。因为人的记忆从来不是客观刻录的，总是带着主观的扭曲（遗漏、夸张、剪切、拼凑或嫁接）。把当下的智慧、理解和力量，通过回忆传输到过去的场景，过去的场景自然会因这种主观视角的变化而发生变化，而且也都是"真实的"记忆。

人的心念可以穿越时空，我是相信这一点的。至少在记忆和梦境中，是这样的。

12 过早意识到记忆的重要和脆弱，也是一件略微悲伤的事。我只能眼睁睁看着每一个"当下"变成"过去"，并被记忆沉入脑海的海沟深处，再不会浮现在我的意识中（也就是说，对我来说，它的确会彻底消失）。

带着这样的意识生活，我得到的最大礼物是：我对感受的敏锐性大大提高了。

我记不得每一天在哪里具体做了什么事，但我十分鲜明地记得，我全心全意地爱着孩子们，饱满地体会着他们给我的感动和活力，以及同样真切的疲倦、不安和负疚感。我记得我那些写作的冲动，在半夜的辗转反侧，追赶灵感的热情、忘我的静谧、开辟的兴奋与失落的无奈。我记得天空颜色的起伏变幻，我记得长久的沉默与阴郁，我记得潜入内心的孤独与突破。

无数大大小小的事件同匆匆时光一起，冲刷而过，唯有那些最能激发我们情感的事件和时刻，那些诚实体验到的感受，沉淀在了我们的记忆里。

这验证了两百多年前休谟说的：除了感受，我们一无所有。

记忆最终会让我们领悟，比起现实发生的事件，感受才是更深刻的现实——事件会速朽败落，而感受会永久长存。

我们都不是为爱情而来

《甜蜜蜜》是中国人最爱的国产爱情电影之一,原因恰恰在于它谈爱情不多,更多谈的是"求生",后者才是最牵动我们喜怒哀乐的主题。电影的英文名 *Almost A Love Story*,道出了它的玄机:如果要写一个当代中国城市"移民"跨度十年的故事,爱情不太可能是其中的主角。

在这个国家史上最汹涌的城市化浪潮中,这随波逐流的千万男女,生存(以及生存得比他人更好)的欲望,占据了他们最宝贵的精力和时间;爱情,不过是在"生存"之上顺带开出的偶然之花。

就像李翘对黎小军说的:"黎小军,我不是为你而来香港,你也不是为我而来香港。"

1986年,李翘和黎小军搭同一辆火车落地香港,李翘的目标是挣钱、买房、嫁香港富人、彻底摆脱原有阶层;黎小军的目标是挣钱、存钱,然后和老家的初恋女友结婚。

随后，他们共同经历了港漂，学英语、打工、租房、创业、炒股、窘迫、流离……这些现实情节（将"港漂"换成北漂、沪漂、广漂、深漂等，大同小异），在时隔30年后的今天，还是如此令人熟悉。

李翘是典型的在大都市打拼的女子，好强、势利（中性词），像她这样的许多女子有聪明的远见才会决心逃离家乡，因为中国三线以下的城镇兼农村就是女性的噩梦，她们没有退路。李翘代表的一种犀利、灵活、勇猛、紧随时代应变的野心，是"生存"之欲望最动人的化身。

黎小军则相对"没野心"很多，他代表的是一种迟钝、温暾、与时代有距离的近乎未开化状态的纯真。第一次用自行车载李翘，他脱口而出"你比我爱人要重"，完全就是一个天真又赤诚的男人。这一句话，道出他对初恋女友的痴心，又无意中流露出了他对李翘的一种说不清的感觉。

李翘有着女性特有的看透社会规则的成熟，她从心里瞧不起那种为了钱而吵架的琐碎婚姻，她又说："如果千辛万苦来到香港，还要嫁个大陆人，真不知为什么要来香港了。"她适应力强，能吃苦，一天做二十个小时兼职，抓住一切可能赚钱的机会，"因为这是香港啊，只要努力就可以实现理想的地方"。

黎小军则显得笨拙可笑，对社会规则一无所知，只安于一隅，做着最底层的杀鸡杀鸭兼送货的工作。他唯一的倾诉，就是常常给家乡的女友小婷写信，告诉她，他看到的一切新奇的发现；至于孤身一人面对陌生世界的受挫与惶恐，他又不愿意对方担心，只报喜不报忧，唯一隐晦的表达就是"小婷，我真的好想你"。

这两个完全不同的男女，成了彼此在香港"唯一的好朋友"。1987年元宵夜，香港下了一场冻雨，两个人一起窝在转不开身的屋里，吃饺子，第一次做爱，从此一发不可收拾。

电影到此时很像是一个俯瞰人间的怀疑主义者：爱情究竟是什么呢？那些与"爱情"十分接近的人类情感：相互取暖、相互慰藉（黎小军与李翘之间）、熟悉感、依恋感（黎小军和小婷之间）、安全感（李翘和豹哥之间）是爱情吗？爱情真能脱离它们而存在吗？

黎小军和李翘的开始，只不过是一个孤独的男人和一个孤独的女人，在一个陌生的城市，相互取暖，以得到身体上的慰藉。这不是那种传统的、上得了台面的爱情，他们都不打算和对方有什么承诺，他们都很清楚：他们各有各的路要走。

这种短期的临时性伴侣，世上有很多。这样的关系，究竟只是身体的吸引，还是以身体需求为借口来掩饰过于隐晦而汹涌（以至于意识上无法承认）的情感吸引，可能要到最后，当事人才能弄明白。

事实上，也没有人能说清爱情是什么。喜欢、迷恋、性吸引、安全感、依恋、爱……一个人的一段关系可以分布在一条很宽的情感光谱上，无法简单地用词语定义。词语与交流，限制了人们能真实体验到的感觉，也造成了太多误解。

《甜蜜蜜》很现实，却余味无穷，在于它不动声色地在多种情感类型的交错中，渐渐勾勒出了"爱情"与众不同的地方：爱情，不可诉说，但一个人一旦遇到了，他/她就会知道，有什么地方不一样。爱情，甚至会阻碍一个人的安全和幸福，可是，他/她无法凭意志戒掉。

爱情，简直是对人的生存本能的巨大讽刺：李翘和黎小军，都不是为爱情而来；可是，他们却逃脱不了爱情的牵引，被动改变了命运的走向。

如果不是爱情，李翘和黎小军原本会很满足于他们当初理想的实现：李翘成了女老板，有事业有钱有香港男友；黎小军成了厨师，和小婷结了婚。几年后他们见面，都恭喜对方成了自己想成为的那种人。

这的确是他们曾经最真挚的理想，可他们怅然若失。他们幼稚地以为，他们之间仅仅是暂时性的"相互取暖"，可没想到，"爱情"在其中捣了乱，不可逆的化学反应发生了，改变了他们原来的质地，他们再也回不到当初的心境。

黎小军对小婷再也无话可说（当初他几乎天天给她写信），李翘心烦意乱，无法安眠。他们都尽力抵抗对方的引力，却以失败告终，他们决定回去和各自的伴侣摊牌。

有意思的是，两人不同的人格特质，在"摊牌"这个情节上呈现了不同的走向。黎小军，这个永远温暾的男人，在最后，却比在现实生活中勇猛直前的李翘，更敢于面对自己的内心和感情。他坦承他爱上了李翘，当小婷质问他："你为什么又要和我结婚？"他老实回答："因为这是我的理想。"他被小婷甩了一个耳光。

他后来写信给小婷："小婷，我明天就要走了，第一次坐飞机，我有点害怕。我本来就不是个勇敢的男人，我不敢让你原谅我，我只是想，我们一起这么多年，走过的路这么长，小婷，我也难过的。"

能承认自己的懦弱，以及仅仅出于"不能再欺骗自己"而离婚，是一种近于大愚的大勇。这是十分纯真之人才能做出的事。而李翘，却在落魄的豹哥面前，始终说不出她想要和黎小军在一起的话。最后，她在船上紧紧抱着劝她"再找个好男人"的豹哥，一起流亡到了台湾。

李翘的这个选择是个谜，她究竟是出于对豹哥的恩义（豹哥在她欠债和最窘迫的时候资助了她），还是因为豹哥才是她真正的爱情，无人知晓。连黎小军也不知道。小婷问过他："她爱你吗？"他说："我不知道。"可他依然离了婚，这就是黎小军的纯真，想什么就是什么，没有中间地带，就如同一个孩子的心智。

李翘就复杂得多了，她的求生欲望如此顽强，她有目标，有谋略，有行动力，有利益衡量。在社会化的程度上，她的心智更像一个"成人"，她是一个为生存而拼搏的"战士"，对她来说，感情的重量，不可避免地会掺杂"恩义"的因素。她的人设，注定了她无法像孩子那样思考：爱就是爱，不爱就是不爱。

无论如何，对李翘这样将生命能量都投入到获取外在资源的人而言，结实的、熟悉的、世俗的情感，才是她和外界的稳固联结，才是她在关键时刻的第一选择。而和黎小军那种说不清道不明的牵引，那是来自另一个和外在的生存厮杀世界完全不同的领域，那固然是美的、内在的、魂牵梦绕的，但也是脆弱的、飘摇的、陌生的，有悖于她日常惯性行事的。爱情这样的天外来音,在"战士"的领地上,成不了气候。

我们也可以这样理解,《甜蜜蜜》的主角其实只是李翘,这是一个自然人不得不社会化的寓言:成长,社会化,进入一个精密强悍的社会并有所斩获,是必然要舍弃部分"纯真"的,黎小军其实是李翘舍弃的一个纯真之梦。毕竟,在这个故事里,如果仔细看,黎小军的个性太过于简单了;而过于简单的人格,总是单薄和片面的,撑不起一个真实丰满的人——那更像是一个人在高度社会化的过程中,还保留的对自然的起点有所眷念的"纯真"子人格。

因为,爱情(不是恩情)的发生,是一种与"人力"完全不同的"自然力",它客观存在,不以人力及主观心愿为转移。"自然力"不需要学习,可克制"自然力"以检验其是否符合生存(以及生存得更好)的规则及利益,则需要一个社会人的学习和训练。

人固然是社会性的,但总有一部分是自然性的。随着入世程度的深入,人就会牺牲更多的自然性。成人的代价,是丧失了童真的"一是一、二是二"的单纯视角,但他们收获了"复杂"。

因此,电影的结局,在十年之后,李翘和黎小军在他国街头再次不期而遇的场景,更像是李翘内心的一个梦而已:她渴望与她远离的"纯真",再次聚合。

十年前，那个精明、能干、倔强到从来不落泪的女人，之所以会被那个傻乎乎的、胸无大志的男人吸引，正是他唤起和呼应了她本来就有的那部分"纯真"。和黎小军在一起，李翘对外界变化剑拔弩张的身心，被一种迟钝的、不谙世事的纯真所软化了，"她"超然于生存、阶层、社会评价体系之外，没有自卑与自傲的分别，只有最单纯的喜悦。

可吸引黎小军的，也是李翘那要征服外界、证明自己的野心。

一个是想要掌握甚至驾驭外界规则的野心，一个是与世无争和顺其自然的纯真，李翘和黎小军所分别主导的这两种人格，实际上是在同一个人身上较量和缠斗的两种渴望。一个人，既渴望施展野心和抱负，又渴望能随时回归纯真。

前一种人格，即想要掌握甚至驾驭外界规则的野心，成为这几十年来中国人的主要人格（不同的时代和地域，会造就不同的集体人格，这也是超乎人力的变迁）。我们的社会充满了有欲望、有能力、能随机应变的人，我们与外界物质的紧密程度从没有如此深刻过，也从未获得如此赤裸的物质奖赏。这一切，激励无数男女迅速成熟、适应规则、劳苦奔波。

也只有在梦中，在身心松弛的偶尔打盹中，这群疲于追赶时代步伐的人们，能与他们难以彻底舍弃的"纯真"相遇。一首《甜蜜蜜》，至少在表面上温柔地填补了"纯真"与"成熟"之间的裂痕。

在电影里，李翘和黎小军再次相遇，四目相触，眼含故人之间才有的默契："在哪里，在哪里见过你，你的笑容这样熟悉，我一时想不起，在梦里……"

这是一首关于纯真的挽歌。

一个女人的爱、性、婚姻和自我

如果要理解女人的爱、性、婚姻、自我是如何各自独立存在的,《钢琴课》这部很经典的影片是一个窗口。

《钢琴课》的女主角爱达是一个哑女,影片一开篇就是她的独白:"你所听到的不是我说出来的声音,而是我思想里的声音。"她轻轻穿过庭院,坐在钢琴前,熟稔地弹了一首曲子。她总是穿一身素黑的裙子,她躯体的冷静与指尖钢琴曲的磅礴,形成了一种迷人的对比,既有广阔的张力,又奇妙地浑然一体。

在电影中,爱达的"婚姻"和"自我"是最先出现的。

"我的父亲将我嫁给一个我从未见过的男人,我和女儿将要去他的国家。我的丈夫说,我不会说话也没有关系,神爱不会说话的东西,他也是。"

爱达的语气很平静,听不出对这桩婚姻有任何不满或浪漫化的期待。她有一个女儿,很可能是年轻时未婚生女。

《钢琴课》的故事发生在1852年，在那个年代，女性没有独立财产权，女人被视为"丈夫的部分财产"，这个背景，铺垫了后续故事进展中"禁忌"的严苛，以及"越轨"的代价——这两者的压抑和激烈，也对应了爱达外表与内心的反差。

今人将爱情视为婚姻的前提，并非自古以来的铁律，事实上，自由恋爱作为婚姻基础，普及不过百年。长久以来，婚姻的核心一直是利益，是社会规范。即使到今天，婚姻的本质也是如此，否则，并没有将"爱"装进"婚姻"里的必要——也因为这个原因，有婚姻存在的一天，就会有"婚姻"和"爱"的分野，它们并不总是汇合在同一条路上的。当易于变化的"爱"消失了，出于经济和后代的利益，很多婚姻还是会持续下去。

爱达嫁的丈夫是个不错的结婚人选，虔诚的教徒，在新西兰有一些土地和财富，实干主义者。

爱达的"自我"则与她的钢琴紧密相连。在这里，"自我"指的是：一个人因此而存在的东西。钢琴是爱达可以完全沉浸于个人内心又能向外界表达和沟通的媒介。一个人有如此明确、流畅的自我及表达方式，是很难得很幸运的事——许多人终其一生都没有发现和找到。

总之，女导演让我们的女主角拥有了这样罕见的完美的

"自我",《钢琴课》整部电影超凡脱俗的空灵之美也来自于爱达与艺术表达的融合,并让电影的美学水准立于高高的峭壁之上。爱达不是精准的乐器操纵者,她没有依赖弹琴来获得职位、金钱和社会地位,她弹琴,是因为那是来自她生命深处最自然的呼吸。她无法离开这样的呼吸。她的"自我"就是一个随指尖翻飞而存在的音乐精灵。

她带着女儿从苏格兰出发,在新西兰的海岸登陆后第一次见到她的丈夫,她的"婚姻"与"自我"发生了强烈的冲突——她的丈夫认为她的钢琴太过笨重,搬起来太耗人力,又看不出什么"有用"的价值,不愿意将她的钢琴搬到较远的新婚之家。爱达与他争论,没有用。她只好跟着搬迁队伍往内陆深处走去。在山崖上,她回望海岸上那架孤零零的钢琴,无限落寞。

丈夫看起来是个绅士,也似乎爱她,但他不想去了解钢琴对她的重要性,他只是在他的价值天平上对钢琴采取了轻视的态度;当他看见爱达拿厨房的木桌子当钢琴,他甚至怀疑她精神有问题。这也表明,这段婚姻里不再会有"爱"萌芽的空间。爱情是需要建立在双方"自我"的相互识别和吸引之上的,哪怕只是部分的。丈夫"以为"他爱着爱达,也"以为"爱达应该回馈爱——然而这一切都是他虚假的妄念而已。

爱达去找搬迁队的领队贝恩,请求他带她回到海滩,贝恩不愿意，最后却又不忍心，答应了。与丈夫无情的拒绝对比，贝恩的"不忍心"开启了他们之间的故事。

回到海滩上的钢琴面前，爱达如痴如醉地弹奏着，直到天黑，才起身返回。在这个过程中，贝恩一直在海边漫步，没有打扰爱达，他看爱达的眼神开始有好奇和研究的意味。海浪在他们身边拍打着，这时他还没有意识到，他已经被爱达那强大的"自我"——那个纯粹的钢琴精灵，吸引并征服了。他们之间的"自我"一靠近就接通了，尽管表面看起来什么也没有发生。

贝恩用80亩土地向爱达的丈夫交换钢琴，爱达的丈夫将钢琴视为自己的财产，卖给了贝恩，而爱达每天要去给贝恩上课。

贝恩只是想靠近爱达，在钢琴课上，他不学习，只是看着爱达弹。随后，他的欲望增强了，他想要触摸爱达的身体，于是向爱达提出了交易：他抚摸她一次，可以换回一个黑键，直到她换回整架钢琴。

爱达并没有犹豫太久：很简单，她不能离开钢琴而活下去。在这个时候，"性"独立于她的"爱"和"婚姻"，成了爱达换回"自我"的票券，而她认为值得。在爱达和贝恩之间，并没有婚姻，也没有相互之爱（至少爱达对贝恩还没有爱），但也可以存在这种双方认可的身体关系。

贝恩虽然以钢琴为要挟，令爱达一开始不得不屈从于羞耻和弱势的位置，但他在行为上更多的是在循序渐进地"撩拨"她。女导演也细腻地展示了两人之间情欲的进阶与微妙变化。贝恩一次次抚摸爱达的颈部、小腿、背部，爱达无动于衷，她的目标很明确：为了换回钢琴。

贝恩渴望爱达的灵魂，也渴望她的身体，贝恩最大胆最严重的提议，就是让爱达赤身裸体和他躺在一起。

在这之后，他把钢琴提前还给了爱达，他对她说："这一切，让我感觉我像个嫖客，我希望你能关心我，但你没有。"因为他对她的感情，他无法忍受自己只是个"嫖客"。这也是他对她的表白。

取回钢琴的爱达却魂不守舍，她思念贝恩，那个唯一懂她的人，她的知音。相对于她的"婚姻""自我"和"性"，她的"爱"是在故事中最后冒出来的东西。她的"爱"，不属于被安排的婚姻，也不属于被交易的性，只属于她自己，这和"自我"是一样的——很多东西可以被强迫、被剥夺，而"自我"和"爱"是例外，它们是无形的、有独立生命力的。

自我强烈的人，也不太在意众人的道德标尺，爱达决定要把爱和性统一起来，她无视婚姻的社会规范，主动拥吻了贝恩，他们成了一对灵欲合一的恋人。

爱达的丈夫发现这一切之后，妒火中烧，要对爱达行使

"丈夫的权利",试图与她发生肉体关系,却遭到了她的抵抗。在她有了爱以后,爱达就无法再接受没有爱的性,哪怕这个人是她的丈夫。

爱达的丈夫决定"包容"爱达的"出轨",他希望重新开始。然而,爱达已经停不下爱,她偷偷给贝恩写了纸条"我的心永远属于你",于是,影片中最惨烈的一幕出现了:丈夫愤怒地将斧头砍向爱达的钢琴,并且将爱达拖到暴雨中,血淋淋地砍掉了爱达的手指——他憎恨钢琴,憎恨可以在钢琴跃动的手指,因为它们让这个女人像会飞的鸟儿一样,不受他的掌控,不属于他。

这个男人,也曾希望得到爱达的爱,却始终将爱达当作他的私有财产来看待,"财产"有什么想法,对他而言,是丝毫不重要的(财产最好不要有什么想法);可"财产"的背叛,却是对"主权"的亵渎,必须要得到严惩。这也是许多婚姻的运行现实。

爱达被砍掉手指的那一幕,显示了某一种悲怆的命运:一个完全忠于自我和爱情的人,就是将自己置于完全脆弱和毫无保护的境地,他/她将会为此付出沉重的代价。丈夫逼问她:"你爱他吗?"爱达不肯摇头,也不求饶,只是坚毅倔强地看着他。

众人保护名声、清白、财富,总会在言行上适当地让渡自我和爱情,而那些忠于爱情的人,则选择保护爱情,哪怕结果是一无所有、成为笑柄。

在电影的最后,爱达的丈夫终于"听到"了爱达思想里的声音:"我害怕我的意志以及它驱使我去做的事,它很奇怪、很强烈。请放我走吧。让贝恩带我走,让他尝试救赎我。"

这句无声的告白,是电影的点睛之笔。无论看起来多么沉默的生命(导演甚至有意将其设置为"哑女"),都可能蕴藏着外人所不知,甚至她自己也不知的强烈的激情,那是生之欲望,是想要与外界取得联结和回应的渴望,是一种在人的身体里运行,却与地底的岩浆(它们也总是在寻找出口)共享同一个创造者的能量和动力。

爱达与贝恩乘船离开,船上载着她的钢琴。爱达却如经历了一场大梦,无法恢复过来。曾经那个超脱的钢琴精灵,在这一段婚姻和一段情欲中,起伏波折,元气大损,对此,她的"自我"不适应,她甚至不确定,她是不是已经失去那个"自我";就如同那架她曾经无比熟悉的钢琴,在经历了这一切之后,在她眼里也变得陌生起来。

她坚持要把钢琴扔进大海,那一秒,失魂落魄的她也被捆绑钢琴的绳子缠进了海里。

在被动地往下沉的过程中,她忽然觉醒了,她挣扎着回到水面,"我的意志选择了生"。

最后，仿佛是一个童话的结局，爱达和贝恩幸福地生活在了一起。贝恩给她的断指装上了金属手指，当她弹钢琴时，还会有金属敲击键盘的声音，她在镇上教钢琴，爱达对此很满足："那些人都说我很怪异，而我很得意。"

只是，在夜深人静时，爱达说："我会想起那葬于海底的钢琴……有时候我觉得我自己就漂浮于上面……在那深深的冰冷的海里，是悄无声息的沉默。"

童话故事不会告诉你，一个女人如何拥有顽强的"自我"。当她撞上爱情时，爱情对"自我"的撼动和转化；当她进入一段关系时，她对部分"自我"的主动隐藏和埋葬；以及即使在一段幸福的爱情里，她那强烈的"自我"看似被男人抚慰了，但是，在灵魂深处，有部分"自我"永远属于她自己，哪怕是她最爱的爱情，也无法窥探之和分享之。

社会规则更不会告诉你这些。社会舆论的宠儿是这样的女人：她的自我就是为了婚姻而存在，而在婚姻中，她的爱和她的性，都完整地属于丈夫，四位一体，不可分割。如此，天下太平，社会繁荣。

那可怕的激情，就让它安安静静地待在地球的最深处吧。

所有的"相信"都有"幻想"的成分

电影《了不起的盖茨比》改编自菲茨杰拉德的同名小说，小说本身已经是经典文学作品。在大篇幅的对奢华物质的醉心描绘之下，它说的只是一个爱情故事，一个痴情男人的故事，一个关于"希望"和"幻灭"的故事。

早些年我看这个小说及电影时，很是无感，它实在有悖于我天生的"无产阶级朴素爱情观"。我会很轻易地为王小波和李银河这种纯精神恋爱（里面没有一丝物质的踪迹）而激动，却对《了不起的盖茨比》中的那种将一切起承转合都建立在金钱之上的爱情，感到十分不解，甚至是排斥。若要做个"文学史上的痴情男人排行榜"，盖茨比，应该可以名列前三吧。

一个全城震动的亿万富翁，挥金如土，举办许多场豪华派对只为吸引"她"的注意；在夜夜笙歌之后，他独自朝着幽暗的海水，颤抖着伸出双手，拥抱海湾对面的那盏绿灯，绿灯后面，是他的心上人正和她的丈夫生活在一起；他处心积虑制造重逢的机会,见面时紧张得如同十几岁的青涩少年,差点要晕厥;他的一切稀世珍宝,只有在"她"说了"喜欢"之后,才"熠熠生辉",才有了意义。

女人常常叙说自己的痴情和男人们的薄情,这很可疑,没有证据证明男人天生就比女人薄情。每次听到现代女性说:"有了钱,何不包养几个小鲜肉?"就明白两性差别并不大,女人的"痴情"更多是男权压制的无选择的后果而已。

但是盖茨比是真的痴情,比韩剧、偶像剧里的男主角都要痴情多了。因为偶像剧里的女主角,总还是有很多人性上的闪光点:善解人意、有情有义、才华卓绝之类的,而盖茨比爱着的黛西,只是一个虚荣、空洞、怯懦、自私的女人,对盖茨比的感情也很肤浅,让人忍不住惋叹:他到底爱她什么啊?

好吧,这可能就是"痴情"的最高境界:一个人是个一无是处的草包,而另一个人对他/她情有独钟。

我承认我刻薄了一点,不过罗兰·巴特也曾调侃《少年维特之烦恼》中的维特,说维特围着绿蒂打转,就像"一只发狂的公鸽"围着"一只平庸的母鸽"打转。

是啊,让我们清醒和宽厚一点,世界上哪有那么多为贾宝玉量身打造的"绛珠仙草",又哪有那么多为林黛玉量身打造的"神瑛侍者"?不过是在庸人与庸人的碰撞中,一个人的热望(或者说荷尔蒙)必须要有所投注的对象,然后,爱情产生了。

当然，盖茨比先生绝对不会承认，他爱上的是一个平庸的女人，因为他坚信，一切昂贵的、由大量金钱累积起来的人或物，都不会是平庸的。

他是虔诚的拜金主义者，他欣赏金钱的魔力：金钱创造出精致、上流、高贵、悠闲（与粗鄙、下流、难堪、局促相对）。作为一个农民的穷儿子，他没有一点对金钱的仇恨（要知道，很多穷人会不自觉地仇富），他真诚地热爱财富，以及财富带来的一切。

他不是指望攀上富家女就省下半生奋斗的那种人，他是真心挚爱从小就沉浸在无忧的财富之中，并因此而任性妄为的大家小姐，他才不喜欢那种所谓贤惠勤劳的女人——那透露出一股子穷酸气，他痴迷的就是睡到十八层床垫上，还能感觉到豌豆，还要娇嗔抱怨的贵族公主。"所有迷人的人都是被溺爱的，这是他们吸引人的秘密"，盖茨比深深折服于"被财富溺爱过"的魅力。

黛西是盖茨比遇到的第一个富家少女，那时他是一个贫穷的年轻军官，第一次去黛西的家里参加舞会，他就震惊了，他从来没见过那么美丽的房子。他是一个如此敏感的青年，在那一瞬间，他就像一架地震仪一样，感应和收集着周边一切精致美好的物质发出的无声震动。

穷小子通常对昂贵的物质是钝感的,可盖茨比在第一眼就辨识出它们的高贵与迷人,且无法自拔,他命中注定的梦开始苏醒了,他知道了他为了什么而活着。或许,从他走进黛西家的那一刻起,他就患上了一辈子的相思病:对上流阶层生活的一往情深、矢志不渝。

黛西是"上流生活"梦想中最核心的部分,她是"上流生活"最灵巧的化身,她不识愁苦,只有最彻底的美丽、娇嫩和任性。他根本不在乎她是多么依赖钻石鸟笼的金丝鸟,这种脆弱的鸟儿,一刻也离不开金钱,一旦离开,她们所有的魅力就会消失殆尽。他的毕生动力,就是把天下的财富都衔到她身边,保持她近乎残忍的任性。

军官服隐藏了他的出身,他吻到了她,从此,他的心不再可能像上帝的心那么自由驰骋了。他有了希望,有了眷恋,有了软肋。

再次阅读小说时,我的谜团,关于盖茨比为什么会爱上黛西的谜团,渐渐消释了。菲茨杰拉德几乎是赤裸地描写,在黛西面前,"盖茨比深切地体会到,财富怎样留住青春和神秘,一套套衣装怎样使人保持清新,他深切地体会到,黛西像白银一样皎皎发光,安然高踞于穷苦人激烈的生存斗争之上"。我开始理解了这个高度敏感(他几乎一眼看穿了人类社会的某种真相)的年轻人。

为了获得财富，为了证明自己配得上黛西，他利用一切手段，包括非法的，不到五年的时间，就成为纽约上流阶层都在打听来历的暴发户。然而黛西早就嫁人了，嫁给了她所认识的家里最有钱的青年。

他在黛西的豪宅对面买下另一座巨大的豪宅，他要和黛西重新回到过去。故事过了一半，黛西终于来到他的豪宅，他一刻不停地看着黛西，他把房子里的每一件东西都依照黛西眼里的反应重新估价，仿佛在这个惊心动魄的真人面前，所有的财物都没有一件是真实的了。她由衷地赞叹他，赞叹他实现梦想的想象力，在他的特大衣橱里，她哭了起来："这些衬衫这么美，我看了很伤心，因为我从没见过这么美的衬衫。"

她哭，当然不止为了当年她抛弃的青年有了供养她的实力，也为了她那不幸福的婚姻——她的丈夫从蜜月期就没有停止过出轨，而此时最痴情的人儿就在眼前，她无法拒绝盖茨比，又重新"爱"上了他。他们幽会，黛西说要离开丈夫。

盖茨比的梦想近在咫尺，他就快要抓住了，他对黛西的丈夫说："黛西从来没爱过你，她和你结婚，只是因为我太穷了，她等得不耐烦了。"现在他不穷了，他的财富和黛西的丈夫不相上下，他要光明正大地抢回黛西。

黛西的丈夫傲慢而轻蔑地笑了。"就凭你？"他说，"你一个暴发户，一个骗子，靠给黑社会做狗腿子赚钱，靠开免费的派对结交一群狐朋狗友,你永远比不上我世袭的财富,比不上我天生的高贵血统……黛西怎么可能跟你走?"

黛西的丈夫说对了,他和黛西是同一类人,他当然知道她的自私与怯懦,在他揭露出盖茨比财富非法的可能性时,黛西就吓破了胆。黛西衣着光鲜,有着无上的美貌,无辜的眼神,她拥有一切,但她没有心,她的感情从不生根,只是随着心情而流转,她不需要关心他人,她只关心自己的空虚与孤寂。在她开车撞死了一个女人之后,她只是哭一哭,就坦然自若地和丈夫度假避风头去了;她和盖茨比的约定,早被她抛到天外去了。盖茨比还等着她,他一直相信黛西会跟他走。不过,他等来的,是死者的丈夫,误以为他是车祸肇事者,一枪崩了他。

盖茨比的葬礼十分凄凉,他那些热闹的"朋友",一个也没有来,黛西连一朵花也没有送来。

《了不起的盖茨比》这个故事,最让人嗟叹的是什么呢?是这样一个"有情"的人和一个"无情"的世界之间的对比,让人感到的落差与虚无。我们仿佛和盖茨比一起,经历了一场幻灭。

盖茨比了不起的地方,并不在于他的雄心壮志,不在于他对物质的渴望与追求,他和黛西以及黛西的丈夫这些富家子弟,有根本不同的地方:他们把世界当作游乐场,把人和爱情当作玩物,而他对世界投注了他的一腔柔情。即使在残酷的攀升道路上，他一直寄望能付出柔情；他的理想中始终包含着这腔柔情的归属，他没有丢弃它，并等待着这份最深沉的柔情与它所向往的对象相融合，达成他最终的圆满。

盖茨比是一个什么人呢？他是一个野心家，一个亿万富翁，一个痴情的男人，但最贴切的，还是 dreamer——一个逐梦人。

在故事的叙述者和故事的观众看来，很容易看清楚：黛西不爱他，至少与他付出的爱毫不相称，一切不过是盖茨比的一个一厢情愿的梦。从盖茨比吻黛西的那一刻起，这个梦的化身就完成了，此后，他不断地对这个梦添枝加叶。他与黛西重逢的第一次见面，他就隐隐感到，黛西远不如他的梦想，他的幻梦超过了她，超过了一切。他对他唯一的好友说："黛西的声音里充满了金钱的声音。"金钱叮当的声音，铙钹齐鸣的歌声，无穷无尽的魅力，让人想起，高高的一座白色的宫殿里，国王的女儿，黄金女郎……

由此看来，他有没有爱过黛西，也值得怀疑，也许他爱的就是"国王的女儿"这个象征。他所有的热情和梦想，都给了一个象征，一个不容动摇的象征，那成了他的信仰。

他始终不问"值不值得"，只是相信黛西也一往情深地爱着他，根本不考虑其他的可能性。

人和爱情的关系，很像人和这个现实世界的关系。

一个沉醉于爱情梦想中的人，他/她怎么能判断自己是受爱情眷顾的幸运者，还是一个可笑荒诞的被幻想所愚弄的小丑呢？

当一个人说"我相信他/她也像我爱他/她那样爱着我"，这个"相信"，总是有"幻想"的成分在。因为这是无法证明的事。

同样，一切人为赋予的活着的意义，一切追求的价值，也都是无法证明的。

我曾经问过自己一个问题：你能说得出"信仰"与"幻想"的区别吗？答案是：我说不出来。

或许，一切人，都是造梦者。人生就是一团热望，在寻找可以倾注和依附的对象，好比无形的生命在寻找宿主一样。爱情、事业、理想、才华、知识、物质、名声、家庭、乌托邦……就是不同的宿主。生命一股脑地钻进宿主的体内，像光融入太阳——光不会抱怨太阳"你不配得到我的爱和追求"，也无视太阳的不回报。不问"值不值"的人，和盖茨比一样，是最蠢的人，也是幸福的人，因为他们始终站在"相信"的坚实地基上，避免了坠落深渊的终极空虚，直到死去。

暗恋的神性，语言的留白之地

如果要写一部代表"初恋"的电影，我会选择日本导演岩井俊二的《情书》。青春期的初恋有许多种，打打闹闹的少男少女，相互试探、相互激励，在受伤中成长，是许多青春电影常见的模式。《情书》不见得能代表大多数人的经历，却能代表"初恋"的精髓：不仅仅是干净和纯粹，还有心扉第一次因情爱开启时所遭受的冲击和自惭形秽。这是"初次心动"的意义：一个人不再是以前的他/她，这是自身的重大改变，这个过程，可能与对象并无太多关系，对象只是一个恰好的媒介。就好像但丁遇见贝雅特丽齐之后，才会成为那个写《神曲》的但丁，并将贝雅特丽齐留在不朽的天堂入口。

《情书》是一部讲究东方留白之美的电影，完成了形式与内容的高度结合。少年的"欲说还休"，是爱恋的留白；大片的冬日的雪地，是视觉的留白；还有那平缓日常的叙事方式，是意境的留白。

"飘雪"在东方文化里，和"落花"一样，是浪漫的象征，常常能激起东方人的诗情。《情书》最开始的镜头，就宛如一幅正宗的雪地水墨图，博子在自然天地间走动，渐渐变成一个渺小的黑点。

"人"在天地自然间，总是"小"的，这是中国山水画（后来被日本画家学习借鉴）的基因，也显示了这种文化中的"自我"位置：人不是膨胀自大的，而是沉静内敛的，是融于世间万物的（物我之间有平等的敬意），而不是傲慢的万物的创造者和篡改者。

《情书》从头到尾并没有紧张的情节冲突，相反，却是耐心而缓慢的日常叙事——这种方式，在日本影视剧里很常见。奇怪的是，当代中国导演试图把这种叙事方式移植于本土人物与情节时，却会显得矫情与突兀。那种"于平淡之中耐心拨开人性的珍贵之处"的气质，显然与我们流行的粗粝的"人有贵贱"的鄙视链"时代文化"相冲突。

能在平淡之中仍有自信，不依赖（甚至是要警惕和回避）"落差"与"冲突"所造就的分别之心，是古老的东方禅意。按照这种从容的通透的生活哲学，好莱坞式的过分强调戏剧冲突、节奏、套路，是一种小儿科的感官满足，就像巴普洛夫用骨头和摇铃来控制狗的本能条件反射一样。

同样的方式，在某种情景里就舒服妥帖，是因为它相信如此。它相信，即使在看起来再普通平凡的人身上，也有珍贵的人性在其中，也有他/她不会泯灭的柔软的情感，并不因他/她的社会地位而有任何磨损。以这种内在的尺度来衡量，外在的标签反而是多余的，所以也是不需要过多提及的。这样的相信，同时也是在"赋予"，会无形中激发出每一个凡人身上有尊严的一面。可是，在另一种看人只有耐性看表面的情景里，这种"相信"就无法构建起来。

这种古老的禅意并不发源于日本，但如今仍在日本保留得相对完整，见之于他们的衣食住行之中。"禅"认为，无论你是王公贵族，还是下里巴人，本质都是凡夫俗子，但更深一层的本质，则是人人皆有"佛性"的潜能，只是多少之别。抛开社会性的外在评价与标签，内在平等，是因为有一种人人固有的"神性"在其中起作用。也就是说，在某种力量面前，每个人都是它同源的造物，都是一脉相承的。

《情书》是一首颇有禅意的诗，日常、清新、舒缓，渐入佳境，难以释怀。这是一场普通、自然、纯粹、动人的初恋——它可能是每一个普通人身上都藏着的秘密。一个叫藤井树的年轻女性，生活在她出生的小镇上，读书时不是成绩好的学生，成年后也没什么亮眼的事业，只是在图书馆做管理员，每天不过骑着自行车在小镇里来来去去，甚至没谈过什么恋爱，日子真是平淡如水，要不是一群女生在一本旧书上发现她的画像，她永远也不会知道,当年有一个男生真诚地暗恋着自己。

而在那个小小的少年身上,蕴藏着如此深沉的感情,让人震撼,爱情在最早启蒙一个人之时,就完整地展现了它的庄严和分量,说孩子或少年不懂爱的,是对爱的亵渎和浅薄认知。

这让我想起,一个朋友对我说起,她婆婆有一次跟她诉说往昔回忆:三十多年前的初恋,她与一个男孩互相有意,却因为家庭成分不合而最终没在一起,那个男生曾经每天偷偷跟在她身后送她回家——这件事,连她公公也不知道。她忽然意识到,这个很平凡的、已经有了儿孙的农村女人,也有自己年轻时的爱恋和秘密。

这也是《情书》有温度的地方:浪漫的爱情故事,不是只分配给瞩目的英雄人物,而是在生活的重重叠架之下,藏在每一颗有情有义的人心之间。

几年前,我学过一些心理学知识之后,曾分析过男藤井树,我质问这个人:为什么明明知道他所爱着的女生就在原地,却不去找她,而是要和一个"复制品"(他的未婚妻和女藤井树长得一模一样)结婚?

那时我当然会认为他心理"不够健康",因为一个心理健全的人,怎么会不敢大方地追求自己的幸福呢?由此可见,学习心理学(尤其是西方主流心理科学与临床治疗)的人,很容易染上对任何人和事都持"评判"和"找解决方案"的毛病。

过分追求一种标准化的"光明"和"幸福"的生活，是对人这种庞大的存在的简化和削弱，会失去对一些未知的和不确定的领域的理解和包容。

至少我现在知道，那些无法说出的爱恋，本身就是一种人类感情中的必然性。它或许在每一个人的生活中占比不大（因为很多人无法忍受这种莫名的烦恼，而成功地用其他事务将其挤压了出去），但它不会缺席，几乎人人难以幸免。无论一个人生活得多么充实、阳光，他/她都可能在某些时刻遇到让其瞬间陷入自卑或笨拙的对象。木心说，每个人都经历过一段无望的爱情，爱在心里，死在心里。

在这一种爱恋里，语言丧失了作用。语言和这种爱无关。它对爱恋者来说，太神圣了、太沉重了，以至于，任何语言，都变成了轻薄。任何语言，都是掩饰，都是言不由衷。它属于尚未被语言分化出来的原始的、沉默的世界，更无法被琐屑地分析与解体。

"甜言蜜语，多数说给不相关的人听，若真爱一个人，反而会内心酸涩，说不出话来。"这是某言情作家说的话。作家的话通常往极端里说，甜言蜜语的对象，当然不是不相干的人，他们是那些让我们舒服的人，他们让我们想起冬日的和煦的阳光，深夜的松软的枕头，或者轻快的小步舞曲中想要跳跃的心情；而有些人，却是让我们"不舒服"的爱恋对象，他们勾起我们的自卑与恐惧，刺痛我们的心，却顽强地兀立，直到有一天（随着时间或死亡）自行消亡——后一种，就成了暗恋的秘密。

在我还是"中二"少女时，同学们之间流传一首小诗：

"我爱你/可是我不敢说/我怕说了/我会死去。

我不怕死/我怕我死了/再也没有人像我这样爱你。"

这是很典型的"中二"式的"自我感动"。但是，这样的故作夸张，谁说就不可能隐藏着一份语言无法表达的卑微的爱意呢？

有时候，我们这些长大的大人，会笑话那些"中二病"（无论是怀着善意的嘲笑还是恶意的嘲讽），可是，当我们认真注视那些"中二病"，就会发现，有的还真是人的精神之谜，是最高级的哲学也尚且无法解答的，这个时期自带的困惑与迷惘，可能会一次次反复出现在人的中年和老年。

就像这首不免有些做作的诗："我爱你，可是我不敢说，我怕说了，我会死去。"为什么说了就会死？它如此不合逻辑，如此自恋，如此不成熟，可是，仔细想想，是不是又是一种无比准确的描述呢？——有时候，说出心底最沉重的秘密，就相当于死亡的感觉；而且，最强烈的"爱"，由于能量过于集中，和"死"，也有某种神秘的相通性。也许，恰恰因为它太准确了，准确到有些荒谬，我们反而觉得太过夸张。倒是一群群"中二"少年，在不自知的情况下，以看似不在意、游戏的态度，毫无负担地表露了这种露骨的准确。

《情书》塑造了一个"柏原崇式"的美少年，多少女观众对着柏原崇在飘起的窗帘背后看书又偷看暗恋对象的画面，无声地尖叫。可《情书》的重点，是古往今来那些普通的少男少女的暗恋心情啊，无论他们美不美、有没有长着青春痘、是不是穿着土气的校服，如果他们曾有那样一份庄重而神圣的暗恋，他们就是柏原崇啊——至少有那么一些瞬间，仿佛被神照耀，闪闪发光啊！

从《青蛇》看四个"人"的情欲与修行

李碧华的《青蛇》脱胎于中国民间流传了数百年的传说,徐克又将其拍成电影。

故事还是那个故事,由于李碧华的改写,叙述者的主体和视角发生了变化,使得一个大家烂熟于心的故事,变得骨骼清奇起来;而徐克的改编,又将李碧华人物中过于算计和狠戾的部分去除,更进一步拓展了演绎人性与爱情的空间。

电影《青蛇》比小说《青蛇》更为出色。

1 青蛇的旁观与试验 《青蛇》是以一个"似人非人"(小青)的视角来看世间情欲的,这就使故事摆脱了原本通俗的市井味,有了抽离、审视的新意。

小青不像白素贞——白蛇已经修炼得与"人"相差无几,甚至比一些人更懂得人情世故,她可以端端正正、熟练地做一个受人尊敬和喜爱的"白娘子"。

青蛇，是还未进化成人的"非人"物种，在她身上，动物性的原始欲望——生存与性欲、感官冲动、不加压制的情绪本能，占主导。

小青嫌做人"麻烦""累"，到了人间仍要吃老鼠和苍蝇。电影中，小青与白素贞化为人形的第一个夜晚，小青盘踞在妓院的屋顶，对屋檐下的纸醉金迷、男欢女爱大感兴趣，并潜入其中。

而白素贞则不知不觉被一阵念诗声所吸引，来到了书院前，看到了许仙。

她们俩被不同的事物所吸引。从一开始，白蛇就比青蛇有更复杂的理解力，白蛇向往语言中的诗意，对爱情有了遐想。小青不懂这些，她的头脑里没有文字、伦理、道德与爱情的概念。

不过，小青有一个特别的长处——渴望学习。她对自身以外的状态充满好奇，她不甘落于白蛇之后。

影片的主线之一，就是青蛇如何学习"做一个人"。这也是小青作为主角，比白素贞更加生动的原因。白素贞从头到尾，始终是那么一个端庄的人，变化不大。白蛇是从一千岁修行到了一千零一岁。而青蛇，是从五百岁修行到了一千岁，这其中的变迁，更值得书写。也是由小青这个"非人"的视角，才能天真又认真地对所有人问出"你告诉我，人的七情六欲究竟是什么"这么一个大问题。

她是一个人间的旁观者。她不是人，她问得天经地义。

可吊诡的是，作为人，天天在经历各种感情与欲望的人，面对这个问题，也会一时语塞，答不出来。

这时候，人类情爱的荒谬性，就在一个"非人"物种的追问下，巨大地显现了出来。

原来，太多人不知道，他/她自己所渴求的、争取的、伤神的、流转不安的"情爱"，究竟是什么。

青蛇还有一个特点——无所顾忌地尝试。她的行为，在已经将规矩内化了的人那里，是让人愤怒和懊恼的挑战，可是，她只是没有规则。她的心里没有规则的概念。

白蛇懂分寸，事事都知道界限。青蛇，不知道界限在哪里。所以，她在无意之中，就轻易破坏掉了"人"看重的体面与忠诚。

青蛇是一个轻佻的破坏者，但她的轻佻，却试验出了沉重的真相：她试验出了人的虚伪与贪恋，以及在这虚伪与贪恋之下，"爱情"（许仙）与"信仰"（法海）同样的游离、模糊与不确定。

人所自认为坚守的东西，也在青蛇"不正经"的捣乱之下，丧失了固有的独立性，成了一个不断变动的幻体。

于是，又一个吊诡出现了，青蛇的"没有概念"，比固有的"概念"，反而更接近某种真实。

青蛇得意地证明了，在文明的层层架构之中，总有原始的欲望及直觉可以轻易穿透和破坏的地方。

在她还没有什么概念的时候，就已经把这些概念都破坏了。可是，这算是"看破"吗？——没有拥有过、执着过，算"看破"吗？

她只知道爽快，不知感情和痛苦为何物。她离人，还有一段距离。虽然她轻易地"赢"了，却始终流不下人类的眼泪。

人，不完美，不高级，不洁净，可是，对于小青来说，却还是无法企及的、神秘的物种。

她对白素贞说："姐姐你说过，人是讲感情的。我却一点感觉都没有。"

她诱惑法海时说："没想到你是我的第一个男人，只可惜，我们都没有凡人的感情。"

没有感情的她，无往不胜，没有痛苦，可她为什么还要学习感情，只为流下一滴泪呢？这个问题，是电影的核心，意味深长。

在整部电影中，只有小青是一个"非人"，她遇到了三个不同的"人"——白素贞、法海、许仙。对这三个人，她有过学习和模仿，也都有过反问和质疑。她是一个起点最低的"妖"，最顽劣、最不按套路出牌。但在这四个角色中，她也是最爱追问和反思的。由此，青蛇很有可能是他们当中最有慧根的。在同一个故事的时间长度里，青蛇在广度的涉猎和深度的成长上，是跨越最大的。

2 白蛇的觉知与"剧本"

李碧华在《青蛇》里把白素贞描写成一个旧时代最常见的妇人，一心悬在许仙身上，除了男人别无他想。小说的结局，在雷峰塔底下待了一千年后，两千岁的白蛇一出塔，又化身成为引诱另一个男人的现代女性——只为打发时间。这样一个女性的形象，几近迂腐，而且完全看不出时间与修行对她心智的改变，她有的只是一个停滞的、无聊的人格。

徐克电影里的白素贞，相对合理一些，换句话说，更对得起她千年的修行。电影里的白素贞，是一个有觉知的妖（或人），她知道自己每一步都在做什么事，不轻易动摇，更不会出现小说中的悔叹——"半生误我是痴情"，好似自己所做之事全是糊里糊涂，过后又全盘否定。

痴情，不过是白素贞明明白白的选择，是她从褪去蛇皮，决心做一个人开始，就为自己选择的"剧本"。

在小青嫌"做人麻烦"时，白素贞就骄傲地说，人要抬起头，挺起胸，人是万物之灵。她对"人"有虔诚的向往，也对"做一个什么样的人"有自己的追求和偏好。

她看上许仙，因为许仙是个读书人、老实人，她希望过的是熨帖的小日子。她来世间做人这一趟，最大的心愿，就是体验一生一世的夫妻生活。

对人的感情，白素贞是这样定义的：人的感情，是讲究从一而终的。这也是她为自己选择的爱情剧本。她对小青补充道：如果你要想练习男人和感情，不能找许仙，换一个人吧——她要保证她的剧本的纯洁性。

"老实人"也有不老实的时候，她何尝不知道呢？她看得明明白白。她又教小青："男人没一个老实的，你迷上他的时候，他就开始不老实了。你厉害的话，就不要让他逃出你的手掌心。"

她总是局限于那个"一生的妻子"的剧本，甚至把男人当作检验自己功夫的战利品。这固然是狭隘的，但是，她因为自知，也可以甘心把这出戏好好演完。

白素贞，像世间很多人，为自己设立一个人生剧本后，就孜孜不倦、绝不悔改了。

小青不断地问:"你值不值?值不值?你千年的修行就陪他一个人玩?"

白素贞心中有数,这并不仅仅是陪谁玩的游戏,更是要给自己一个交代。她不想临时更改剧本,不愿突然推翻说:"原来,感情,并不需要从一而终。"

她大多时候是冷静的,可是也有猝不及防的伤心。毕竟,既然是一场戏,哪里又是自己完全能做主的呢?对手悄悄更改了剧本,她还是要把自己的戏码原封不动地演完,来挽救她最初的设定。

觉知,并不能控制情感,并不能控制眼泪。白素贞流泪时,小青惊呼:"为什么我没有眼泪!"白素贞说:"当你觉得自己什么都只赢不输的时候,怎么会有眼泪,怎么会哭呢?"

这或许就是"参与一场戏"和"个人独自修行"的最大区别:因为有了对手,你就无法左右剧本了。戏一开场,万般业力起,一开始再有自信的觉知者,都不免渐渐入了戏,在戏中体验到"失控"与"悲哀"。

也正是因为有了"悲哀",才使得白蛇的这一场情感历练更加丰富起来。她原本的剧本,一对情投意合的平凡夫妻,多么简单,并不是什么贪心的奢望,可是,这样的简单,只存在于白蛇千年修行的想象当中。

体验剧情，也有独自修行无法替代的功能。这就是所谓的"历劫"的意义罢。

来人间这一场戏，才会打碎白素贞的想象，才会让她做她从未意想过的抉择：一个偶尔心猿意马的伴侣，你还爱不爱？一个不完美的人间，你还留不留？

她还是要爱，还是要留。她拼了性命，也要把许仙从法海的囚禁里救出来，已经不是出自最开始那份简单的男女之爱了，失望之后，她对人和爱情仍然有悲悯之心。救人，救一个和她曾有深切大缘的人，是她不需要犹豫的事。白素贞已经成为一个完完全全的人。

这样一个完全的人，最终激发出了青蛇"感情"的觉醒。小青并不赞同白素贞，但她愿意为了白素贞的"所求"去付出和冒险。小青也在悲凉的义无反顾中体会到了作为人的感情。

白素贞是一个很讲究做人"本分"的人，她唯一失控的地方就是对许仙的爱情。包括水淹金山，也是一种典型的女性情欲冲动的象征。和小青不同，对于爱情这回事，她问得少，做得多；主动的抽离少，被动的沉溺与承担多。她不会成为普通怨妇，因为她还有觉知，但是，她没有推翻"剧本"的意愿和勇气。

3 许仙的软弱与宣言

电影《青蛇》中的许仙,并不是一个简单的负心汉,他是一个最正常的正常人的代表。

如果只是鄙夷许仙在青蛇与白蛇之间的暧昧摇摆,是小看了这个人物。许仙就是《青蛇》主题曲的最佳诠释者:与有情人做快乐事,别问是劫是缘。

如果观众被这句歌词打动,又嘲笑许仙滥情,那么是自相矛盾的。

电影的改编很好,许仙在端午节之前就知道了青、白二人是蛇妖,他恐惧,但也念及白素贞对他的情深义重,无限惆怅,醉倒在了河边。他对白素贞还是有情的。白素贞为了打消许仙的疑虑,主动要喝雄黄酒,许仙却偷偷将雄黄酒倒在了池子里,被青蛇误喝(青蛇才显出原形)。

许仙有正常人的厚道,虽然知道白蛇是妖,但不愿戳破她的真面目,也不想伤害她,因为他从内心还分得出最基本的善恶好坏(这一点与法海对比鲜明)。他只是谎称要上京赶考,打算离开白蛇。这也算人的正常对策。

未料还没有走成,许仙就被青蛇的原形吓死了。吃了白蛇舍命偷来的灵芝草,许仙苏醒过来。他醒来后的第一件事,就是如同一个受了惊吓的孩子,大喊:"娘子!"他对白素贞有着惯性的依恋,甚至忘了她也可能是蛇妖。

他对白素贞说:"我刚刚看到一头好大好大的……"白素

贞接道:"大象是吧,好可怕。"她温柔地抚摸许仙。许仙犹豫片刻,决定抱住白素贞:"是啊,大象,那不用怕了。"

白素贞为了保住爱情而"欺人",而许仙是完成了"自欺"的过程。在色相与温情面前,他是软弱的,没有抵抗力的,他也曾想过要逃离,但最终舍弃不了这样销魂蚀骨的温柔乡。

许仙的软弱,是人性的普遍软弱——无法抵抗某种诱惑的软弱。这种软弱,也伴随着某种鲁莽的无所畏惧——哪怕诱惑后面是万丈深渊,也在所不惜。

最初知道真相时,他还害怕。可通过他和白素贞共同编织的"自欺欺人",他对自己用上了障眼法,只求紧紧拥抱眼前的绝美人形与无尽柔情。蛇?就当并不存在于那具人形之下。真相?已经不重要了——管它是缘是劫。

从佛家来看,这自然是"贪"与"痴"(无明)。

法海说他:"人世沉迷于贪,你沾完色,又想要财,这是贪念;你爱完一个又一个,也是贪念。"这话并没有错。

法海给了许仙一串佛珠,要许仙收了蛇妖。许仙把佛珠扔掉了,赶紧回家劝青、白二人逃走,这个男人,虽然不那么专一,但还是有情义的。许仙软弱、摇摆,但有作为人最基本的良善与情义,他是人的代表。

法海强迫许仙出家。他倒是态度鲜明:"我不去!我就是迷恋红尘,我就是沉沦凡俗世界,我愿意!"他又说:"这是我的事情，跟你没关系！"

许仙的这些话，竟有几分不可侵犯的庄严。是，这是他的事，拿"佛"的大道理压迫他，他也有他的志气。这就是人的宣言，不可小觑。无论是多么"愚钝"的人，也不能受他本人之外的强力的奴役。何况真正的佛，怎会如此压迫他人？

许仙在佛堂对和尚们拳打脚踢，死活不肯出家。但在法海与青、白二人斗法之时，他改变了想法，跪了下来："求求你们，饶了娘子和小青。我跟你们出家，我去当和尚！只要他们不要再斗了，我愿意四大皆空，我愿意放弃一切。"

许仙就这样剃度了。他被和尚封了五阴：色、受、想、行、识。后来小青受白素贞之托前来寻他，在众多和尚中，找了许久，才找到许仙，她已经闻不到他的人味了，许仙已经是一具没有识觉的躯体。

小青看着那个陌生的"许仙"，怔了，眼神凄绝，因为悲哀于"人"的丧失，她流下了第一滴眼泪。小青花了这么多力气，才尝得"人"的感情与知觉，而许仙就这么轻易地抛弃了。白素贞所钟情和争取的唯一一个人，就这样成了一个毫无知觉的、不知人情为何物的痴呆儿。

她为她们不值。所以，小青恨许仙："你出卖了我们。"

小青对许仙还是有误解的。为了自己，许仙是绝不肯出家的，因为他贪恋红尘。但是为了他爱的人，他愿意放弃红尘。

小青还处于"自我"炽烈的阶段。她刚刚有了人的自觉。她不能理解许仙可以向不认同的势力屈服、放弃自我的意识；换作她，哪怕玉石俱焚，世界毁灭，她也不会。

她没有看到，许仙在最后一刻，已经超越了他的自我。"他"甘愿消失，换她们的太平。许仙是有佛缘的人。

4 **法海的心魔与救赎** 法海固然是让人讨厌的。一个整天念着"色即是空"的人，却是自我执念最深的人，怎么不让人讨厌呢？

法海是四人中，唯一一个，做所有事情都为满足自我欲念的人。他可以行善，但一旦有人不满足他的教条标准，或让他难堪，他就会起杀心，丝毫不顾念他者生灵的痛苦。他的善，是形式化的；恶，却是具体的。

他总是想着要驯服各种各样的人和妖，根源在于，他驯服不了自己的心魔。因为驯服不了自己的心魔，他眼里看谁都是妖魔鬼怪，都想去管一管。

法海虽然让人讨厌，但他的内在矛盾性却是很典型、很丰富的。可以说，法海其实是最具有文学性的一个角色，是一个研究人性心理的标本。

电影《青蛇》也加大了法海的戏份，与青蛇的重量相等。一个有嗔念（佛教语，指愤怒、厌恶、侵略他人等）的和尚，必定有内心无法平息的战争。杀心，总是从内而外的——这一点，电影抓得很准，圆满地解释了为什么法海非要多管闲事，非要和许仙、白素贞、小青过不去。

法海是一个以修行为生的人，但他是最不屑于做人的（青蛇和白蛇都渴望做人，许仙贪恋于做人），法海想要达到佛的境界。

他对"人欲"厌恶，偏偏又有炽烈的"人欲"。有一个场景，他在寺庙打坐，身体四周忽然充满了妖孽，他大怒："我天生慧根，道行高深，你们居然敢惹我？！"妖孽们揶揄："我们从你那里来，怎么不敢来？"

妖孽，并不在法海的身外，正在他的身心之中，是他最讨厌、最想要摆脱，却与他同声共气的欲望。他的意念里总会出现女性的胴体，他的性欲蠢蠢欲动。他在静坐中也无法调伏，只有在意念中大开杀戒，想要把这些"肮脏"的欲望杀个片甲不留。他大喊："杀！"

能力大的人，嗔念也容易大。因为能力大的人，外在掌控力强，他们总想通过强力去掌控一切不如意的事情。可是，他杀不光内心的色欲，于是看到许仙这个贪恋色欲的人就怒火中烧，就恨铁不成钢，意欲通过控制许仙来证明色欲是可控的。

他对青蛇说："蛇妖，我要你助我修行，你若能破我定力，就放你走。"可是当小青用色诱破了他的定力时，他又恼羞成怒，要把小青打入地狱，让她永世不得超生。

说到底，他就是慧根不足、修行不够，没有自知之明。作为观众，很容易看出他的可笑，但他也是一个苦苦挣扎的可怜人。他不像世人误解的那样，是个十足虚伪的坏人，他没有怀疑佛法，也没有自甘堕落，他只是有心向往却做不到。

法海代表了一个群体：看到了表象世界虚幻的影子却又始终无法从中超脱。"偶开天眼觑红尘，可怜身是眼中人"——多少人向往一种超凡脱俗的精神境界，却发现自己不过是个粗俗的肉体凡胎。一般人也就接受了，安心做人了。可法海不，他总是一袭飘逸的白袍，绝不低就，绝不与他不屑之人"同流合污"。

可是，他对"六根清净"的理想，与他体内潜伏的原始性欲本能，起了严重的冲突，使得他整个人处于分裂、善变、好斗的状态。

法海如果有陀思妥耶夫斯基般的坦诚，把自己的心思如实记录下来，就是一个极深刻的心理小说：对人世的怀疑，对自我的怀疑，对神性的渴望，对动物性的抗拒与无力……人的矛盾与冲突，在法海那里体现得淋漓尽致。

可惜，他还没有觉悟到，自我诚实是通往救赎的必经之路。

因为害怕欲望，法海总是摆出一副正义凛然的"无情"面孔,他害怕情与欲的相连。也因为这样刻意的无情,他和佛家的核心理念——慈悲,渐行渐远了。

四"人"中,白素贞愿意救许仙,小青愿意救白素贞,许仙愿意救白素贞和小青,这些在法海看来不过是"贪婪、虚幻、占有"本质的男女情欲,在某种特殊的境地下,也可以转化为与他人生命的共通,打破"小我"与"好恶"的狭隘疆界。

情欲本身并不是永恒的罪恶。凡夫之情,系于贪著;圣人之情,系于慈悲。凡人也可以在一个特定的对象身上,完成"从贪著到慈悲"的转化,进入新的境界。而法海标榜的"无情大爱",可能更难做到。

法海这个人物,还承载了一个传统的文学主题:色戒。色戒,色能戒掉吗?思凡,思凡,思的是什么凡?

5 《青蛇》中的佛家观念

了解一些佛家观念,会加深对《青蛇》这部电影的理解。

佛家观念和概念,如空、无常、苦、幻、轮回、缘分、历劫、因果报应、极乐世界、地狱,等等,渗透在中国人的文化及文学中。《西游记》和《红楼梦》中都显著地体现了这些思想。

民间流传的《白蛇传》也是明显的"因果报应"及"前世今生"框架。

《白蛇传》镇江说书版本是这样开始的:

有一名累世修道的禅宗僧侣，精通佛法，但是为人暴躁易怒，故未能修成正果。他在禅院担任住持时，有一名檀越施主名叫吕博，屡屡发心捐献护持，禅僧说："未来世，老衲当度君入道。"而后涅槃。吕博于是大作佛事，以报答师恩。吕博返家时，路见有人要杀白蛇，即以银两买下白蛇，将蛇放生。

白蛇修炼成精，跟踪吕博好几年，却找不到机会可以"以身相许"，报答吕博。她发现吕博取了一部分禅僧的舍利子放在香囊，早晚烧香供奉，白蛇好奇将舍利子吃了，得到了千年道行，而吕博却已病死。白蛇却因为这样窃取禅僧的道行，而亏欠了禅僧。

吕转世为许仙……禅僧转世为法海和尚……

在这个版本中，法海的个性（暴躁易怒）、白蛇与许仙的姻缘，法海对白蛇的镇压，都有了前因后果，交代得清清楚楚。

《白蛇传》的杭州说书版是：

八仙之一的纯阳真人吕洞宾，打算广度众生，化身小贩，在西湖断桥边卖仙丹变成的汤圆，当时还是幼年的许仙，买了一粒汤圆吃了，结果三天三夜无法吃东西，亲人拉着许仙急忙跑去找吕洞宾。吕洞宾知道许仙没有仙缘，将他抱上断桥，一手拎着其双脚，一手大力压其腹部，吐出的汤圆掉进西湖里一只乌龟精面前，乌龟精正打算去咬，却被正在湖中修炼的白蛇抢先吞下，长了五百年的功力，白蛇就此与许仙结了缘。而同在此地修炼的乌龟，日后转世为法海和尚，由于汤圆的恩怨，故与白蛇结下累世之仇……

吕洞宾是道家的神仙，但过去中国民间通常是"佛道不分家"，这个版本也是在说同样延绵不断的因果与前缘。

佛家还有一个术语，叫"有情众生"，即一切有心识、有感情、有见闻觉知之生命体。相对于"有情"，草木、土石、山河、大地是"非情"或"无情"。

"有情"的"情"，并不是我们通常以为的狭义的爱情或情感，而是泛指一切动物生灵的欲望和生命力，类似弗洛伊德的"力比多"，一种生命的狂流，一种心理（灵魂）能量。

根据佛家所说，有情众生根据业力和心理能量的不同，又可以分为这五趣：天、人、畜生、饿鬼、地狱。在我们所住的人间，有人、畜生和鬼。人可以说处于五趣的中心，上有快乐的天堂，下有极苦的地狱，两旁是畜生与饿鬼，虽同在此人间，但心理能量远不及人类。

不同类的"有情众生"之间，可以相互生死流转。流转的动因是"业力"：有情众生的一切起心动念、一切作为都是在制造业力，修心与修行即是积攒善业。

佛家的因果论，与宿命论不一样。宿命论，是一切都提前写好了结局，是有一个万能的神（或某种外在的神秘力量）

在主导。因果论，是有"因"才会有"果"，无"因"则无"果"。今日果是昨日因，但今日因是明日果。人在当下虽然无法改变昨日（前世）因，但却可以改变今日（今世）因、来日（来世）果。

而且，由于不知道每个人会造出怎样的业力，连佛祖也无法预言和左右一个人的命运，只有个体的觉醒与作为可以改变流转的走向。

《青蛇》里，蛇妖（畜生）通过修行化为人形，而许仙和法海作为人，时不时处于佛、人、地狱所象征的心理境界中。与《青蛇》类似的传奇，如狐妖婴宁、女鬼小倩，都是人与"非人"之间的互动，《牡丹亭》里，杜丽娘相思而亡，变为鬼魂又死而复生，是人与"非人"之间的转化……我们的精神，是可以跟随"有情众生"，上至碧落下黄泉的。

虽然在现实生活中，我们极少有人见过"鬼"，更没有什么人见过妖和神仙，但佛家勾勒出来的三界（欲界、色界、无色界）六道（天道、阿修罗道、人间道、畜生道、饿鬼道、地狱道）宇宙观，却是我们无比熟悉的心理世界。我们因此并不活在一个单一的物质世界中。我们在各种传奇故事中，看神、人、鬼、妖之间，不同能量相互博弈与转化的寓言，并不觉得不可理喻，反而觉得那恰是我们和众生所经历的。

你不是第一次来到这人间

1 你是否有过这样的感觉：某一天的某个场景，你似曾相识，仿佛经历过。可是，你又很确定，它是在你的有生之年第一次发生。

那种感觉只是在一瞬间十分强烈，就攸然散去了，但你不可能忘记。

你或许也做过这样的梦：如史诗般宏大，在梦里，你见证了这辈子都不可能遇到的灾难和杀戮，或是山崩地裂、洪水滔天。

醒来时，你会恍惚：梦里的一切，竟比眼前的这个现实更真实。今夕何夕？你究竟身在何处？

2 很少有人真正感受过"时间"。

不信，你试着抛开所有那些提醒你"时间只是个数字"的电子设备，试着想象你回到了钟表发明以前的原始时代。在你所在的空间里随意走动一下，睁大你的眼睛，展开你的听觉，打开你的每一个毛孔，完整地去感受一下时间的"流逝"。

那会是一种前所未有的体验：你周围的一切都好像没有变，但一切又变了。一切都新鲜起来，你仿佛在每一刻里重生。

3 你也会想这样的问题：如果时间是无穷的，那么，在"我"之前的时间的尽头在哪里？在"我"之后的时间的尽头又在哪里？如果时间是无尽的，那么，哪儿来的"开始"？哪儿来的"结束"？1300年前，张若虚问："江畔何人初见月？江月何年初照人？"1300年后，还会有人问这样的问题。

古人想过的事，你会依然想；你想过的事，后人也会再想。

4 至于再过很多年以后……月亮还在吗？人还在吗？

月亮不在了，会不会又出现第二个月亮呢？它是不是又等来了第二个"第一个人"呢?

谁敢说,这一切没有重复发生过呢?

5 《圣经》里说:"已有的事,后必再有。已行的事,后必再行。日光之下并无新事。"

有哲学家试图用两个形而上的原则来证明这句话,这两个原则是:时间无限,力(宇宙的基本材料)则是有限的。

有限数量的潜在状态,和无限数量的已经流失的时间,其逻辑结果是:所有可能的状态必然已经出现过,现今的状态一定是项重复。

时间往后永恒地延伸,那么,在这样无限的时间当中,所有构成世界事件的重新组合,必定已经重复过无数次了。

你此时的状态,曾经出现过,未来也会继续出现——这不足为怪。

6 时间是人类迄今为止被人理解很少的事物。

纸片上的平面二维人物,理解不了立体的三维世界;我们受感官局限,也理解不了超越我们感官的存在。

许多科幻作品,在讨论异于人类的"时间观"的可能性。比如,时间是环形的,不是单行线的,它不是"先因后果",它是"因果同时发生的":过去、现在、未来,同时发生。

这样的视角，堪称人类世界的"神"：能预见未来，看见一切的宿命和结局。

又比如，我们不再被动地等待时间从我们身上碾压，我们可以跨越时间，来一场穿越，快进到未来，或返回到过去，衍生出数个平行世界；而A平行世界的"我"，会微妙地感应到B平行世界的"我"。

一切玄妙，皆因时间而生。

7 梦境中的世界，十分奇异，没有时间，没有空间。

梦境看似胡言乱语，但是超越了时空，也可能因此成为神秘的节点：梦境可以连接过去和未来，也可以连接不同的平行世界。

不同的时空，在没有任何物理归属的频率中——梦里，偶尔交汇了。梦就像一扇任意门。

梦境中的某些片刻，令我们延伸了"此生此世"：我们在梦中看见了过去（甚至是远古的过去），看见了未来（甚至是无法想象的未来），也看见了平行世界的另一个自己。

尽管这样的感应是烟火般忽明忽暗，转瞬即逝。

庄生梦蝴蝶，醒来后问：不知是我梦见了蝴蝶，还是蝴蝶梦见了我呢？

也许，本来就是同时梦见的吧。

8 宇宙的基本材料，一直在动态的随机组合变化中；具体到个体的境遇，都是偶然。

南朝的范缜说："人之生譬如一树花，同发一枝，俱开一蒂，随风而堕，自有拂帘幌坠入茵席之上，自有关篱墙落于粪溷之侧。"

同一棵树上的花，风一吹，有的落在了锦席之上，有的落入了粪坑，完全是随机分配。

如果锦席之上的花因此嘲笑粪坑里的花，就有些不自量力了，它和它之间，哪儿有什么不同，不过是一阵风的缘故；只消一丝毫的阴差阳错，它们之间就会调换位置。粪坑中的花，分担了锦席之花可能的命运。

9 人和花一样，由看不见的大风抛骰子，生而不同。

不过，很多人像范缜一样，只看到了外在境遇的不同，却忽略了人的内在配置也有迥然的区别。就像大多数人只看到富二代与穷二代的财富差异，却看不见另一些东西才更决定着人的命运与人生的质量。

内在配置，即人性的组成部分，有许多不同的配方：善良、邪恶、聪明、愚蠢、坚强、脆弱、理性、多情、勇敢、懦弱、同情、残忍、勤劳、懒惰……而这些内在配置，也不是个体所能选择的。

有的人天生就足够坚强到去承受真相和自由，而有的人却虚弱得只能活在自欺欺人中。

有的人稍微被启发就醍醐灌顶，而有的人无论怎么敲打也无法开窍。

有的人能远离魔鬼的诱惑，而有的人注定要被魔鬼挑中，成为恶毒的罪人。

10个体渺小，都是命运的载体，彼此之间的差异，因人间的规则而起。

所以我们首先来看规则。

如果有造物主，我们要看他设计了什么样的世界、什么样的规则。

比如很多人听说过的"天堂"，据说那里没有战争，没有匮乏，没有邪恶，没有死亡，一切都是光洁永恒，人人都是慈眉善目。在这样的世界里，所有人生来就已经得道成仙了，根本就没有"坏人"和"小人"的名额，那么，造物者没必要设计出"坏人"和"小人"。

人间就不同了。人间的剧情要复杂得多、悲壮得多。有卑鄙也有高尚，有缺憾也有圆满，有苦楚也有甜蜜，有杀戮也有治愈，有疯狂也有理智，有窒息也有释放，有冷酷也有炙热，有丧失也有偶得……

这么一想人间，"天堂"反而不太对劲，没有"坏"，怎么得出"好"的概念来？没有痛苦和悲伤，怎么可能感受到幸福和快乐？如果没有对比和区别，所有的一切都是面目模糊的，又回归到混沌了。

天堂是因为人间的不完美、地狱的恐怖，才显得金光灿灿。

天堂是因为"非天堂"的存在，才存在。

11 设想一下，如果你是神，你是最初的精神意志，全宇宙只有你，你是无限，那么，你要做什么？

首先是要自我分裂，没有"彼"和"此"，怎么可能感受到"自己"呢？那将是一团死寂。

分裂，才能让"我"（最初的精神意志）的一部分，感受到"我"的另一部分，才能让"我"存在。

一分裂，无限就变有限了，无形就变有形了。有了开端，就有了演变，就有了一生二，二生三，三生万物。

地球是演变的一个偶然，人更是。就人类已知的知识来看，人仍然是这个星球上自我意识最高级的动物，也就是说，人是我们所知的最接近神的意志的物种（不排除人无法看见比自己更高级的物种）。

人是动物与神之间的一个过渡体。当然，离动物这一端要更近一些。

人，既将生物界的繁衍本能、资源争夺、弱肉强食一以贯之，也吸收了神的灵光，向上超脱和向下堕落，都比动物界走得更远。

所以，人间的规则，混合了看得见的自然界的物质规则和看不见的精神运作规则。

12 既然人间的规则如此，那么，就要有人在其中承担不同的角色。卑鄙也要有卑鄙的执行者，贪婪也要有贪婪的执行者，邪恶也要有邪恶的执行者……那些在人间规则中"污浊"的人，在神的注视下，也是自己的一部分。没有这部分，就少了一部分支柱，撑不起来一个可以运行的"世界"（哪怕只是茫茫宇宙中一个渺小的微观世界）。

在神的眼里，的确所有人都是平等的，都有其位置和功能。

可是作为人类的一员，我们即使偶然明白这一点，面对竞争者和仇人，仍然是：该争的还是会争，该恨的还是会恨，该打的还是会打——这也是作为人的本分。人不该，也不能抛下人的局限，去做神。

也许有罕见的神的代表——圣人，跳出了对立的视角，甘为任人践踏的石桥，度一切善恶到另一端汇合。

这样的人只可寥寥，否则，人间便不成人间了。

正态分布也是神喜爱的一个规则——也许这有利于世界的平衡。大多数人都是对立因素的中庸混合体；极聪明和极愚蠢，极善和极恶，极美和极丑，都是极少数。人的视力设计也是有意思的：人只能往外看，却无法反观体内。人往往看见他人的愚、丑、恶，却不知道这些一定在自己身上也有，就像人看不见自己的后脑勺。

打打闹闹、滚滚红尘的人间，由此而来。

13 有的人具备一种稍微不同的视力，能看见众生之苦，即使成不了圣人，也有一份慈悲。

他们看见的是这样的事实："我"和他人同源，有的人承担了"我"可能的苦难与卑弱；如果苦难和卑弱没有落到"我"头上，那仅仅是因为微小的侥幸，谈不上优越。

"我"即"众生"，"众生"即"我"。本是同根生，相煎何太急。

我们和他人的命运交织在一起，冥冥之中在相互牵引和转变着。

正如里尔克的那首诗：

此刻有谁在世上某处哭，无缘无故在世上哭，在哭我。

此刻有谁在夜间某处笑，无缘无故在夜间笑，在笑我。

此刻有谁在世上某处走，无缘无故在世上走，走向我。

此刻有谁在世上某处死，无缘无故在世上死，望着我。

在某些时刻，你一定可以感应到这种无形的联系与牵引。如果从来没有感应到，那真是喝了"醉生梦死"酒，喝大了。

在时间的无限长河里，我们兜兜转转，在无意中扮演过不同的角色（角色是有限的）：帝王、文士、官吏、医卜、僧道、士兵、农民、工匠、商贾、乞丐、妓女、恶棍……

你会问："等等，你是在说轮回吗？"

是，又不是。

14 轮回涉及不灭的灵魂。

所以又有一个问题：究竟有灵魂吗？

我相信有。这不仅是一种信仰，也是一种体验。

至于，体验靠谱吗？那就陷入"不可知论"了。我们靠体验来认识世界。如果体验不靠谱，那就一切皆虚幻了。

灵魂是完整的从一个人身上（等他死后）转移到另一个人身上吗？我认为不是。灵魂没有那么分明的界限，不像身体。

灵魂是一种精神能量，处于不同的状态和层次之中，就像光有不同的光谱。

15 我常做一个梦：被困。

有时候是困在一个地下室，有时候是困在一个像大房间的铁笼里。

虽然我感到逼仄，虽然我能看见外面的无穷世界，但那个无边的世界总让我感到恐怖。我不敢真的走出去。

这样的我，很像柏拉图说的"洞穴人"。洞穴人只能看到火光投到洞壁上的影子，却无法走出洞穴，直视真理的太阳。

每次我想到那无限的另一个（甚至多个）世界，就会有强烈的敬畏，畏要大于敬。"有限"也是对我的保护。肉体凡胎，承受不了"无限"，就好像肉眼无法直视炽烈的太阳。

16 "我"死后还会存在吗？

会。当然不是以现在的这具肉体、这副配置。我不再是宋涵，我不再是一个活在人类公元20世纪末21世纪初的中国女人，我将会是谁？我不知道。

但"我"不会从"有"变成"无"。

我的肉体会转化成尘土，依附于我肉体的那口气——我的精神，也许会转化成一阵风，一个梦，一道光。它将继续在宇宙天地间游荡。它可能还要寻求一个有形的肉体来依附。

按照佛家的说法，寻求依附于人身的灵魂，还是比较低级的（毕竟还有比人间更高级的世界，在那里，灵魂以更轻盈更超脱的形式存在），但还好不是最低级的，相比起畜生和饿鬼而言。所以，人身也算难得。

不过，为什么又来"高级"和"低级"之说？不是一切都平等吗？

我想，因为整个宇宙不能是永恒死寂的。宇宙要动，才可能存在。有区分，有落差，才可以形成流动的原动力，所以必须有落差。

反过来，因为有了落差，就必然会有流动和转化。

17 关于灵魂的流动和旅程，有一种假设：我们都是最初的宇宙精神——"神"的碎片之碎片，散落的碎片在不断地寻求整合和上升，想要回归到最初的源泉。

灵魂既然落入人间，就是降级。处处受限，不断折腾，寻求突破而不得最终的自由。

灵魂在人间的旅程，简单地说，就是打怪升级。这也是世人常说的"修行"：所有劫难，都是为了磨炼你的灵魂强度而存在的。你过了某一关，从此就不再遇到，你不过，就始终在那里循环徘徊。

这很像大型的角色扮演电脑游戏——这么一想，游戏的隐喻是深刻的。

很少有人来一次人间，就把人间的难关都过了，那么多关卡呢。所以,这一世,你没有修完的,下一世还是会继续修。

灵魂为了达到更高的层次,就不断地来到这里,不断地练习和攻关。

每个人身上都带着不同的段位和使命而来,所以面临的情景和难题也不一样。

如果悟性太少,或执迷不悟,那么很多世都在重复同样的剧本和情景。

即使在此生,也是人各有异。从出生到死亡,有的人,走了很远的路;有的人,却像鬼打墙一样,始终在相似的困局里团团转,半径短促。

18 "灵魂打怪升级"的假设,被不少人接受,一是因为有人在此生的确感受到了心境成长带来的灵魂体验——"仿佛脱胎换骨",他们在某些瞬间体会到了彻底的"喜悦、平和、自由"的频率,那指向了一个更高级的存在。二是它能让人更无惧地度过此生。

如果一个人知道灵魂的流动和旅程不以此生为结束和标尺,那么,他会更少恐惧,更多耐心,也更关注真正重要的东西。

因为怕死,因为活着短暂,所以盲目慌张,混混沌沌,被无意识的剧情推着走,睁不开内省之眼,做不出真正的选择和改变，于是终生困在一种说不清的遗憾之中——这是很常见的一生。

有句话说：你怎么度过一天，就怎么度过这一生。这是说，人的一辈子就是浓缩的念头。一念之间，你已经做了选择：是爱还是恨，是给予还是摧毁，是愚痴还是清明。

换句话说，如果念头不转，你怎么度过这一生，就怎么度过生生世世。

天堂和地狱，是一个比喻，不是绝对的物理空间，是心念造就的状态。

19

一个人，能感受到与万物、与他人的联系，能感受到"善念"和"爱"带来的喜悦、平和、自由，已是来之不易的修行，他/她不会为了短暂的世俗利益来交换这些灵魂的收获。

但做人总有做人的局限与苦楚，沉重的肉身，是为人无法逃避的牢笼。精神的超脱并不能完成肉身的全部救赎。

人不能违抗生物的规律，不能揪着自己的头发脱离地心。认识到这样的现实，不遁入到虚无之中，也是修行。

所以，在日复一日的食、色、情、欲之中，历经喜怒哀乐，处置烦琐事务，打理平常生活，是此生的任务与交代；但知道自己的归属不止于此，有所信仰和虔诚，则是对灵魂的心领神会，是语言无法达到的地方。

读 者 评 论

--**朝颜**--我从宋涵的字里行间感受到了深深的悲悯,谢谢她一直品味真实,用细腻的笔触描述生活的讳莫如深,却又给我们以爱,鼓励我们更勇敢地去面对凌厉的现实。

--**茶香昭儿**--勇敢的文字有一个好处是:让我们知道,原来自己不孤独。

--**Hedy**--宋涵的文字与我产生的共鸣竟然超乎与爱人和所有亲朋好友之间的对话。

--**关军·《无后为大》作者**--近些年通过神交而结识的朋友接近于无,其中的例外就是宋涵。读她的书,有太多的心有戚戚焉。

--**奋拉绒**--看宋涵第一本书的时候我的女儿刚出生,现在孩子快五岁了。孩子识字量不大,喜欢一遍遍地翻阅她喜欢的绘本并怡然自得,我也从来不限制和强迫她,因为慢慢她会明白,和自己喜欢的书籍对话,是一种多好的体验。

--**Grace**--谢谢你懂得并深刻描绘出这种并非人人能理解的痛。

--刘未鹏·《暗时间》作者-- 从《"批判"弗洛伊德》知道宋涵的,后来陆续又读了她的《生育对话录》,和她写的书评,篇篇用心、真诚,一向没有什么文学细胞的我居然安安静静不知不觉地读完了。

--羊羊羊-- 有时候觉得宋涵就像这个世界的另一个我。

--倪吉-- 看完后,有种想哭的冲动,不是戳中泪点,是一种内心的共鸣,感谢你写出我们心中或有笔下皆无的体验与感悟。

--May Lyu-- 曾在寂寞徜徉时,于书店的一角邂逅《不可慢待的孤独》,本以为是只可浅尝的鸡汤,没想到一字一句直摄灵魂,于是一口气读完,然后将其纳入kindle,迷茫时反复品读。最深刻的阅读,也是最赤裸的自我暴露。

--小轩-- 谢谢你分享自己关于女性和生育的困惑,女性在自我救赎的路上还有很长的路要走。

--章红·《放慢脚步去长大》作者-- 和宋涵是以文会友,喜欢她的文字。

--颜语-- 深入浅出,不哗众取宠,文字里静静地流淌着丰富的感情。

--苏生-- 真是喜欢宋涵的文字呀,又温柔又深刻。

- -Vivian- - 第一次认识作者是偶然间从同事那里看到的一本《只有时间不会撒谎》，看完后又买了《不可慢待的孤独》。好的文章能让人思考，宋涵的文章就常给我这样的体验。

- -Sheepherder- - 大学快毕业的时候收获了一个知心好友，和她聊天总是可以聊很久，她借给我《只有时间不会撒谎》和《不可慢待的孤独》，很受启发也很温暖。然后我开始喜欢这个作家。后来我又买来《生育对话录》，和好友俩人轮流看，看完后还会一起散步聊天。因好友而识得好的作家，感恩。

- - **紫气东来** - - 从宋涵的影评中收获颇多，温润精辟的话语使人舒服，教人省己。同时使我对爱情、婚姻、人性都有了新的体悟。

- -Anny- -我喜欢一个作家就会看她所有的书。我买了宋涵所有的书。

- - **破壁十年** - - 读完《生育对话录》，我更理解妻子，也更了解自己，人生也许就是要这样不断地成长和思考，才会有更有意思的体验吧。希望在之后的日子里，能和妻子孩子一起体验更多人生的美好。

- -D- - 看到宋涵写"人不能不想这个问题，就把一个新生命带到世上来"，深有同感。我记得一句墨西哥谚语这么说：家不是建立在土地之上，而是建立在女性之上。

女性对整个社会是如此之重要，却并没有太多的人意识到，哪怕是作为女性的我们自己。

谈到生育，我想必然会谈到爱，而什么是爱呢，这个问题答案一定是建立在对生命意义的认知上。我们每个人都在说爱——不管是对孩子还是对恋人的爱，可是我发现，事实上大多数时候，我们并不知道怎么去爱。我记得宋涵写过关于女儿和母亲的关系的文章，很透彻地把这种不知道怎么去爱的无奈表达了出来，让我很受用。也因为这些文字我开始思索与母亲之间的问题，从一开始的恍然大悟，也有过抱怨，到现在深深的理解。观察自己与母亲的关系，便会明白自己与孩子的关系。虽然我现在很清楚，自己这一生是不会选择做一个妈妈的，但我真心为宋涵这样的女性成为妈妈而感到高兴。我们都需要探索生命的意义，从而懂得什么是爱，只有我们懂得了爱，才能真的去爱孩子。

我希望通过宋涵的文字，能让更多即将成为妈妈的女性，对生命有些思索，我祈祷这个世界有更多真正智慧的妈妈。

--玉婷--很喜欢宋涵的文章，说出了我结婚生育以来一直埋在心里的困惑，在自我和母亲这两者之间挣扎，更多的是自我的逐渐失去以及随之而来的焦虑，进而对女性主义有了更多的想法和关注。

--谭--看完《生育对话录》后迫不及待地购买了作者其他两本书，非常喜欢。书中许多问题和思考是在我有了小孩后感受到的。如果能早点遇到此书，当年那些痛苦和纠结或许会轻很多。谢谢作者。

--Crystal--写得太好了，简直句句惊心。

在爱中成长

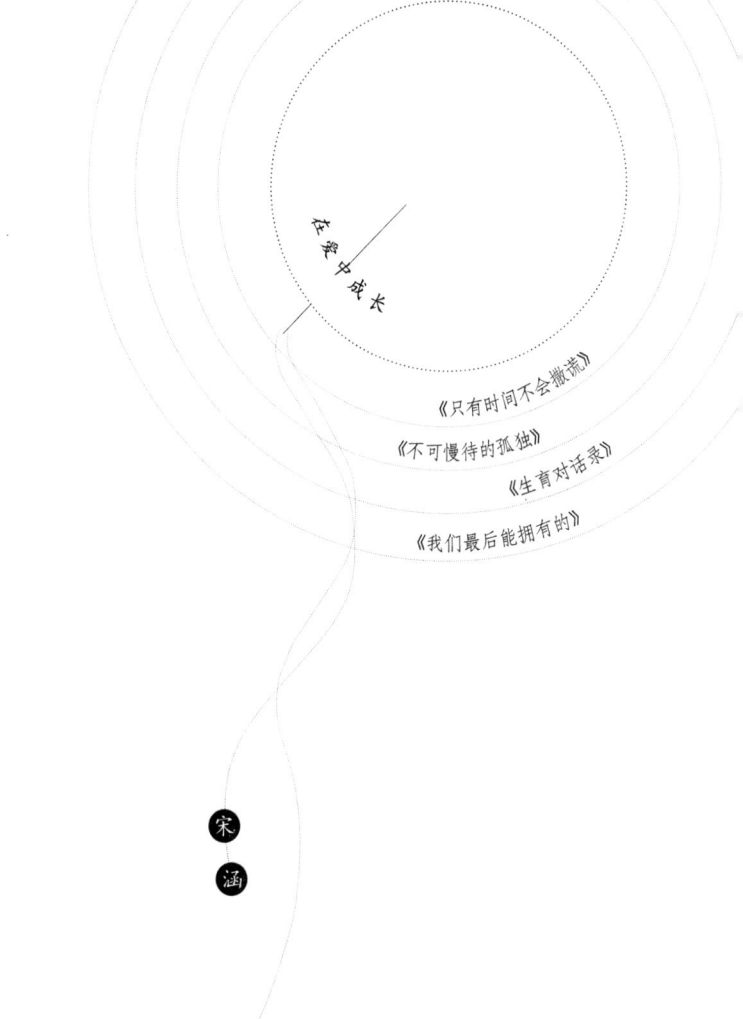

《只有时间不会撒谎》
《不可慢待的孤独》
《生育对话录》
《我们最后能拥有的》

宋 涵

生活书店　关注宋涵